U0347651

功率谱估计基础

何 平 编著

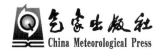

气象出版社
China Meteorological Press

内 容 简 介

本书阐述了功率谱概念的建立,介绍了经典功率谱估计方法,简要介绍了现代功率谱估计方法中最具代表性的 AR 模型法。本书的特点是强调功率谱概念的准确性与完整性,强调功率谱估计的数学基础。

本书所述内容属于信号处理范畴,是气象雷达信息提取技术的理论基础。气象雷达主要包括天气雷达和风廓线雷达两大系统。天气雷达一直以来沿用随机过程的相关理论进行基本气象信息的提取。风廓线雷达是新兴的地基遥感系统,采用随机过程的谱理论进行基本气象信息的提取。通过本书加强对气象雷达信息提取技术的理解是本书的期望。

本书适合于大气探测与遥感专业研究生和高年级学生作为辅助学习材料,也可以供相关专业高年级学生及相关科技人员参考。

图书在版编目(CIP)数据

功率谱估计基础/何平编著. —北京:气象出版社,2016.1
ISBN 978-7-5029-6314-9

Ⅰ.①功… Ⅱ.①何… Ⅲ.①功率谱估计
Ⅳ.①O32

中国版本图书馆 CIP 数据核字(2015)第 303431 号

出版发行:气象出版社

地　　址:北京市海淀区中关村南大街 46 号　　　邮政编码:100081
总 编 室:010-68407112　　　　　　　　　　　发 行 部:010-68409198
网　　址:http://www.qxcbs.com　　　　　　　E-mail:qxcbs@cma.gov.cn
责任编辑:张斌　张媛　　　　　　　　　　　　终　　审:黄润恒
封面设计:博雅思企划　　　　　　　　　　　　责任技编:赵相宁
印　　刷:北京京科印刷有限公司
开　　本:710 mm×1000 mm　1/16　　　　　　印　　张:10.5
字　　数:194 千字
版　　次:2016 年 3 月第 1 版　　　　　　　　　印　　次:2016 年 3 月第 1 次印刷
定　　价:40.00 元

前　言

　　气象雷达已经成为获取大气信息不可或缺的探测手段。气象雷达主要包括天气雷达和风廓线雷达两大系统。天气雷达的信息提取依据的是随机过程的相关理论，风廓线雷达的信息提取依据的是随机过程的谱理论。为了实现实时处理，天气雷达采用脉冲对处理(PPP)技术仅估计几个低阶矩参数，虽然信息提取不完整，但是处理速度很快。相比天气雷达，风廓线雷达的信息提取更加完整。风廓线雷达采用经典功率谱估计技术获取气象信号的功率谱，并从中获取更多的气象信息。经典功率谱估计是所有功率谱估计算法中速度最快的，但是因为算法的原因有时估计质量不够理想。

　　在研究气象雷达信息提取技术的基础上写成此书，目的是对目前气象雷达信息提取技术所依据的数学基础进行梳理，希望能对气象雷达信息提取技术的深层次改进提供理论支持，并尝试建立气象雷达信息提取理论体系。

　　本书核心是阐述功率谱概念及功率谱估计理论。全书分七章，对功率谱估计涉及的数学问题进行了总结。气象雷达的信息提取归结为对随机序列的统计处理。傅里叶分析的思想不仅适用于确定性函数，同样适用于随机过程。并且，傅里叶变换不仅涉及功率谱概念的建立，也是经典功率谱估计的理论基础，所以第 1 章对傅里叶变换的要点进行了总结。功率谱是随机过程数字特征函数的频域表现，时域是自相关函数，频域是功率谱(功率分布密度函数)。功率谱的理论基础是随机过程，所以第 2 章对随机变量、随机过程的有关理论进行了总结。第 3 章从不同角度给出了功率谱定义。第 4 章介绍了估计理论的基本概念。第 5 章对经典功率谱估计进行了总结。第 6 章给出了现代功率谱估计的思想基础，并简要介绍了 AR 模型法。因为气象雷达信号属于窄带信号,所以第 7 章简要介绍了窄带过程。

通过七章的内容,对功率谱及功率谱估计的数学基础进行了总结,强调概念的准确与完整是本书的特点。

本书适合于大气探测专业研究生和高年级学生作为辅助学习材料,也可以供相关专业高年级学生及相关科技人员参考。

编辑同志对本书的编辑付出了巨大努力,在此表示衷心感谢。

因为作者水平的限制,书中难免有不当之处,敬请读者提出了宝贵意见。

何　平
2015 年 12 月

>>>目录

第1章 傅里叶变换

傅里叶(Fourier)变换是信号处理与分析的工具,对信号的理解离不开傅里叶变换知识。傅里叶变换是经典功率谱估计的理论基础。经典功率谱估计具有计算速度快的优势,气象雷达为了实现实时探测,目前普遍采用经典功率谱估计方法,傅里叶变换对深入理解气象雷达信号与数据处理非常重要。傅里叶分析在随机过程频域研究中的扩展应用,对于深入理解功率谱尤其重要。

本章概述傅里叶变换的核心内容,包括定义、本质、性质以及广义傅里叶变换。

1.1 傅里叶变换定义

傅里叶变换是一种积分变换。积分变换是含参变量积分运算的函数变换,可抽象为

$$X(\omega) = \int_a^b x(t)\varphi(t,\omega)\mathrm{d}t \tag{1.1}$$

通过积分运算将时域函数 $x(t)$ 变换成频域函数 $X(\omega)$。$x(t)$ 称为(像)原函数,$X(\omega)$ 称为像函数。$\varphi(t,\omega)$ 是含参变量的二元函数,称为积分变换的核函数。

积分变换的主要目的是更清楚地表现原函数的某些性质以及简化运算。有时在变换域,函数的性质表现得更清楚,函数计算更简便。

选取不同的核函数就有不同的积分变换。傅里叶变换是核函数取三角函数 $(\varphi(t,\omega) = \mathrm{e}^{-\mathrm{j}\omega t})$ 的积分变换。利用傅里叶变换可以将一个复杂函数用简单三角函数的线性组合展开,并且能以任意精度逼近被展开函数。通过傅里叶展开,可以确定函数包含的频率成分。但是,周期函数与非周期函数的傅里叶展开结果不同。

1.周期函数的傅里叶展开—傅里叶级数

如果原函数为周期函数 $x_T(t)$,在区间 $[-T/2, T/2]$ 上满足 Dirichlet(狄利克

雷)条件①,那么在$[-T/2,T/2]$上,$x_T(t)$可以展开成傅里叶级数:

$$x_T(t) = \sum_{k=-\infty}^{\infty} X_k e^{jk\omega_0 t} \tag{1.2}$$

其中,傅里叶变换:

$$X_k = \frac{1}{T} \int_{-T/2}^{T/2} x_T(t) e^{-jk\omega_0 t} dt \tag{1.3}$$

取离散值。T 为函数周期,$\omega_0 = 2\pi/T$ 称为基频,X_0 是函数 $x_T(t)$ 中的直流成分,$X_k e^{-jk\omega_0 t}$ 称为 k 阶谐波,下标 k 表示频率等于 $k\omega_0$,相邻谐波之间的频率间隔为 $\Delta\omega = 2\pi/T = \omega_0$,基频和频率间隔在数值上相等。(1.3)式称为 $x_T(t)$ 的傅里叶变换,(1.2)式称为 $x_T(t)$ 的傅里叶逆变换。

2. 非周期函数的傅里叶展开—傅里叶积分

如果原函数为非周期函数 $x(t)(-\infty < t < \infty)$,在任一有限区间上满足 Dirichlet 条件,在无限区间上绝对可积②,那么 $x(t)$ 可以展开成傅里叶积分:

$$x(t) = \frac{1}{2\pi} \int_{-\infty}^{\infty} X(\omega) e^{j\omega t} d\omega \tag{1.4}$$

其中,傅里叶变换:

$$X(\omega) = \int_{-\infty}^{\infty} x(t) e^{-j\omega t} dt \tag{1.5}$$

为连续函数。上述称为傅里叶积分定理。(1.5)式称为 $x(t)$ 的傅里叶变换,(1.4)式称为 $x(t)$ 的傅里叶逆变换。(1.4)式和(1.5)式中的广义积分③都是主值意义下的。

周期函数和非周期函数的傅里叶展开不同。周期函数的傅里叶展开是加权的三角函数级数,权重为离散的 X_k。非周期函数的傅里叶展开是加权的三角函数积分,权重为连续的 $X(\omega)$。

3. "谱"概念

傅里叶变换带来"频谱"的概念。周期函数与非周期函数的傅里叶展开不同,利

---

① Dirichlet 条件:在一个周期内,函数满足两点,(1)连续或有有限个第一类间断点;(2)只有有限个极点。该条件是傅里叶变换收敛条件,收敛的结果是在连续点收敛于函数值,在间断点规定收敛于函数该点左右极限的平均值。

② 绝对可积:若 $\int_{-\infty}^{\infty} |x(t)| dt < \infty$,则称 $x(t)$ 绝对可积。绝对可积是傅里叶变换存在的充分条件。

③ 广义积分:$\int_{-\infty}^{\infty} x(t) dt = \lim_{T \to \infty} \int_{-T/2}^{T/2} x(t) dt$。

用 Stieltjes(斯蒂尔吉斯)积分,将周期函数与非周期函数的傅里叶展开写成统一形式,从中体会频谱概念的准确涵义。

利用 Stieltjes 积分[①]傅里叶展开可以统一写成:

$$x(t) = \int_{-\infty}^{\infty} e^{j\omega t} \, dG(\omega) \tag{1.6}$$

其中,$G(\omega)$ 是关于 ω 的单调不减函数。

$G(\omega)$ 的本质是数学上具有单调不减性的"分布函数"。$G(\omega)$ 的导数是数学上的"分布密度函数"。不论原函数 $x(t)$ 是周期函数还是非周期函数,分布函数 $G(\omega)$ 总是存在的,分布密度函数是否存在要看分布函数是否可微。

如果分布函数 $G(\omega)$ 可微,那么可以定义 $x(t)$ 的分布密度函数:

$$dG(\omega) = \frac{1}{2\pi} X(\omega) \, d\omega \tag{1.7}$$

其中,$X(\omega)$ 是 $x(t)$ 的傅里叶积分,可以理解为 $x(t)$ 的分布密度函数。$G(\omega)$ 由 $X(\omega)$ 以积分的形式给出:

$$G(\omega) = \frac{1}{2\pi} \int_{-\infty}^{\omega} X(\omega) \, d\omega \tag{1.8}$$

如果分布函数 $G(\omega)$ 不可微,那么可以定义 $x(t)$ 的分布列:

$$G(\omega) = \sum_{k=-\infty}^{n} X_k \tag{1.9}$$

其中,X_k 是 $x(t)$ 的傅里叶级数,可以理解为 $x(t)$ 的分布列。此时,分布函数 $G(\omega)$ 是阶梯函数,在 ω_k 处有 X_k 的跳跃。借助 δ 函数可以定义 $G(\omega)$ 的导数(δ 函数将在 1.4 节介绍):

$$dG(\omega) = \sum_{k=-\infty}^{\infty} X_k \delta(\omega - \omega_k) \, d\omega \tag{1.10}$$

---

① Stieltjes 积分:设在区间 $[a,b]$ 上给定两个有界函数 $f(x)$ 和 $g(x)$,用任意方法将区间 $[a,b]$ 分成若干小区间,$\Delta x_k = [x_k, x_{k+1}]$,$k = 0,1,\cdots,N-1$,分点为:$a = x_0 \leqslant x_1 \leqslant x_2 \leqslant \cdots \leqslant x_{N-1} \leqslant x_N = b$,并设 λ 是小区间中最大的,在每个小区间上任取一点 ξ_k,$\xi_k \in [x_k, x_{k+1}]$,作和:$\sigma = \sum_{k=0}^{N-1} f(\xi_k)[g(x_{k+1}) - g(x_k)]$。如果 $\lim_{\lambda \to 0} \sigma < \infty$,那么将这个极限称为 Stieltjes 积分,记作:$\int_a^b f(x) dg(x) = \lim_{\lambda \to 0} \sum_{k=0}^{N-1} f(\xi_k)[g(x_{k+1}) - g(x_k)]$。

在 Stieltjes 积分中,若 $g(x)$ 连续可微,则函数 $f(x)$ 对函数 $g(x)$ 的积分就是 Riemann(黎曼)积分 $\int_a^b f(x) dg(x) = \int_a^b f(x) g'(x) dx$。Stieltjes 积分在概率论中有着重要应用,其中函数 $g(x)$ 可以是某个随机变量的概率分布函数。

通常将 X_k 和 $X(\omega)$ 笼统地称为频谱,其实两者量纲不同,数学、物理意义也不同。例如,用 $x(t)$ 表示电压信号,如果 $x(t)$ 为周期函数,那么 X_k 表示的是频点 $k\omega_0$ 处的电压;如果 $x(t)$ 为非周期函数,那么 $X(\omega)$ 表示的是频点 ω 处的电压密度(单位频率上的电压),$X(\omega)\mathrm{d}\omega$ 才是在频点 ω 处的电压。X_k 是幅度,$X(\omega)$ 是幅度密度。X_k 对应的是周期函数,$X(\omega)$ 对应的是非周期函数。非周期函数可视为周期趋于无穷的周期函数。当周期趋于无穷时,X_k 趋于 $X(\omega)$,$X(\omega)$ 是 X_k 的极限形式。

将 X_k 和 $X(\omega)$ 笼统地称为频谱的做法是用一个物理名词"频谱"同时解释两个数学名词"分布函数"和"分布密度函数"。这样的做法容易产生混淆,在能量谱、功率谱概念中,同样存在上述问题。

1.2 傅里叶变换本质

1. 标准完备正交基

对于区间$[a,b]$上的确定、实、平方可积函数f,定义L^2范数:

$$|f|_{L^2} = \left(\int_a^b f^2(t)\mathrm{d}t\right)^{1/2} \tag{1.11}$$

将所有L^2范数有限的函数构成的线性空间记作$L^2[a,b]$。

在$L^2[a,b]$空间上,定义内积$<f,g>$:

$$<f,g> = \int_a^b f(t)g(t)\mathrm{d}t \tag{1.12}$$

根据线性空间理论,在线性空间$L^2[a,b]$中,一定存在一组线性无关的函数,将其归一化后,可以作为$L^2[a,b]$空间的一组标准正交基函数。

设

$$\{\varphi_n, n \geqslant 1\}, \quad <\varphi_i,\varphi_j> = \delta_{ij} \tag{1.13}$$

是$L^2[a,b]$空间的正交基函数,对任意的$x \in L^2[a,b]$,满足:

$$x(t) = \sum_{n=1}^{\infty} <x,\varphi_n> \varphi_n(t) \tag{1.14}$$

或

$$\lim_{N\to\infty} \left|x(t) - \sum_{n=1}^{N} <x,\varphi_n> \varphi_n(t)\right|_{L^2} = 0 \tag{1.15}$$

则称标准正交基$\{\varphi_n, n \geqslant 1\}$是完备的。

标准正交基构成了一个N维正交坐标系。用完备标准正交基可以对$L^2[a,b]$中的函数进行线性表示。这种线性表示的实质是给出函数在标准正交基下的"坐标"。常见的正交基函数有三角函数族、指数函数族、sinc函数族、Walsh(沃尔什)函数族、Legendre(勒让德)多项式等。

2. 傅里叶变换本质

傅里叶展开的本质是:基函数取三角函数族的标准、完备、正交基上的线性展开。正交基函数为

$$\varphi(t,\omega) = \mathrm{e}^{-\mathrm{j}\omega t}$$
$$\varphi_n = \{\cos(n\omega t), \sin(n\omega t)\}, \quad n = 0,1,2,\cdots \tag{1.16}$$

傅里叶变换运算的本质是:内积。函数$x(t)$的傅里叶变换是$x(t)$与正交基函数

$\mathrm{e}^{-j\omega t}$ 的内积,其几何意义是 $x(t)$ 在 $\mathrm{e}^{-j\omega t}$ 上的投影。$x(t)$ 中只有频率为 ω 的成分与 $\mathrm{e}^{-j\omega t}$ 的内积不为零,其余频率成分与 $\mathrm{e}^{-j\omega t}$ 的内积均等于零。通过积分时间从负无穷到正无穷的全局积分,将 $x(t)$ 中每个时刻的频率为 ω 的成分累加起来,形成总的频率为 ω 的成分。

傅里叶逆变换是 $X(\omega)$ 与 $\mathrm{e}^{j\omega t}$ 的内积,$X(\omega)$ 中只有时刻 t 出现的成分与 $\mathrm{e}^{j\omega t}$ 的内积不为零,其余时刻出现的成分与 $\mathrm{e}^{j\omega t}$ 的内积均等于零。通过积分频率从负无穷到正无穷的全局积分,将 $X(\omega)$ 中 t 时刻出现的所有成分累加起来,得到 t 时刻的总成分。

正交基函数展开是一种有效的研究方法。该研究思想在随机过程的研究中得到了扩展。关于随机过程的正交基展开有著名的 Karhuan-Loeve 展开,它将随机过程用简单的基函数的线性组合表示。

1.3 傅里叶变换性质

信号可以在时域表示,也可以在频域表示。傅里叶变换将这两种表示一一对应地联系起来,由一种表示可以唯一地变换成另一种表示。傅立叶变换性质与定理揭示了傅里叶变换的规律。

这里符号"↔"被普遍使用,表示傅里叶变换对。如 $x(t) \leftrightarrow X(\omega)$ 表示 $x(t)$ 和 $X(\omega)$ 是一对傅里叶变换对。注意其中大小写及变量的不同。

1. 线性

若 $x_1(t) \leftrightarrow X_1(\omega), x_2(t) \leftrightarrow X_2(\omega), a, b$ 为常数,则

$$a\,x_1(t) + bx_2(t) \leftrightarrow aX_1(\omega) + bX_2(\omega) \qquad (1.17)$$

证

$$\int_{-\infty}^{\infty} [ax_1(t) + bx_2(t)] \mathrm{e}^{-\mathrm{j}\omega t} \, \mathrm{d}t = \int_{-\infty}^{\infty} ax_1(t) \mathrm{e}^{-\mathrm{j}\omega t} \, \mathrm{d}t + \int_{-\infty}^{\infty} bx_2(t) \mathrm{e}^{-\mathrm{j}\omega t} \, \mathrm{d}t$$

$$= aX_1(\omega) + bX_2(\omega)$$

即函数之和的傅里叶变换等于各自傅里叶变换之和。利用线性性质,可以将复杂函数的傅里叶变换化为简单函数的傅里叶变换之和。

2. 尺度变换

若 $x(t) \leftrightarrow X(\omega)$,对于任意非零实数 a,则

$$x(at) \leftrightarrow \frac{1}{|a|} X(\omega/a) \qquad (1.18)$$

证

令 $at = \tau$(不妨令 $a > 0$),则 $t = \frac{1}{a}\tau$,$\mathrm{d}t = \frac{1}{a}\mathrm{d}\tau$,所以

$$\int_{-\infty}^{\infty} x(at) \mathrm{e}^{-\mathrm{j}\omega t} \, \mathrm{d}t = \frac{1}{a} \int_{-\infty}^{\infty} x(\tau) \mathrm{e}^{-\mathrm{j}\frac{\omega}{a}\tau} \, \mathrm{d}\tau = \frac{1}{a} X(\omega/a),即 x(at) \leftrightarrow \frac{1}{|a|} X(\omega/a)。$$

若将 $x(t)$ 的图像沿横轴方向压缩 a 倍,则其傅里叶变换 $X(\omega)$ 的图像将沿横轴方向展宽 a 倍,同时高度变为原来的 $1/a$。信号持续时间缩短,则频率成分增加,并且各频率成分的幅度下降,即信号持续时间与信号所占频带成反比。

$0 < a < 1$ 时,时域扩展,频域压缩;$a > 1$ 时,时域压缩,频域扩展;$a < 0$ 时,会使得傅里叶变换的图像关于纵轴镜像对称。

尺度变换的例子如图1.1所示,$x_1(t) = 1$,$t = [0,16]$;$x_2(t) = 1$,$t = [0,32]$;

$X_1(\omega) \leftrightarrow x_1(t)$，$X_2(\omega) \leftrightarrow x_2(t)$，$X_1(\omega)$ 的主瓣宽度等于 109.38Hz，$X_2(\omega)$ 的主瓣宽度等于 54.69Hz，$X_1(\omega)$ 的幅度是 16，$X_2(\omega)$ 的幅度是 32。在时域，$x_1(t)$ 相对 $x_2(t)$ 压缩一倍。在频域，$X_1(\omega)$ 相对 $X_2(\omega)$ 扩展一倍，$X_1(\omega)$ 的幅度是 $X_2(\omega)$ 的幅度的一半。

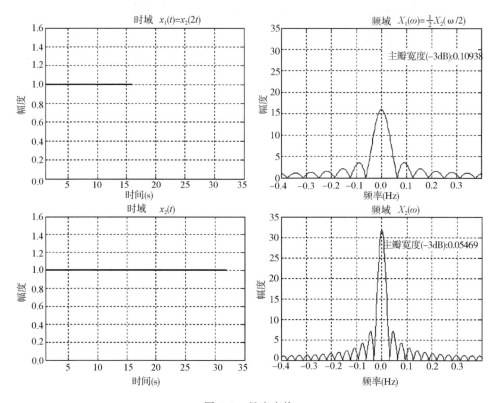

图 1.1　尺度变换

3. 时移特性

若 $x(t) \leftrightarrow X(\omega)$，则

$$x(t \pm t_0) \leftrightarrow X(\omega) e^{\pm j\omega t_0} \tag{1.19}$$

证

$$\int_{-\infty}^{\infty} x(t-t_0) e^{-j\omega t} dt = \int_{-\infty}^{\infty} x(\tau) e^{-j\omega(\tau+t_0)} d\tau = e^{-j\omega t_0} \int_{-\infty}^{\infty} x(\tau) e^{-j\omega\tau} d\tau = X(\omega) e^{-j\omega t_0}$$

若函数 $x(t)$ 的傅里叶变换存在，则对任意实数 t_0，在 t 轴上向左或向右位移 t_0 的函数 $x(t \pm t_0)$ 的傅里叶变换也存在，且 $x(t \pm t_0)$ 的傅里叶变换是 $x(t)$ 的傅里叶变换乘以因子 $e^{\pm j\omega t_0}$，即时移对幅度频谱无影响，只影响相位频谱。

4. 频移特性

若 $x(t) \leftrightarrow X(\omega)$，则

$$x(t) e^{\pm j\omega_0 t} \leftrightarrow X(\omega \mp \omega_0) \tag{1.20}$$

证

$$\int_{-\infty}^{\infty} x(t) e^{j\omega_0 t} e^{-j\omega t} \, dt = \int_{-\infty}^{\infty} x(t) e^{-j(\omega-\omega_0)t} \, dt = X(\omega - \omega_0)$$

即函数 $x(t)$ 频移 ω_0 后的傅里叶变换等于 $x(t)$ 的傅里叶变换频移 ω_0。

5. 微分关系

若 $x(t) \leftrightarrow X(\omega)$，则

$$x^{(n)}(t) \leftrightarrow (j\omega)^n X(\omega) \tag{1.21}$$

其中，$x^{(n)}(t)$ 表示 $x(t)$ 的 n 阶导数。

证

$$\frac{dx(t)}{dt} = \frac{1}{2\pi} \frac{d}{dt} \int_{-\infty}^{\infty} X(\omega) e^{j\omega t} \, d\omega = \frac{1}{2\pi} \int_{-\infty}^{\infty} X(\omega) \frac{d}{dt} e^{j\omega t} \, d\omega = \frac{1}{2\pi} \int_{-\infty}^{\infty} j\omega X(\omega) e^{j\omega t} \, d\omega$$

即 $\dfrac{dx(t)}{dt} \leftrightarrow (j\omega) X(\omega)$，同理可以推广到高阶导数的傅里叶变换。$n$ 阶导数的傅里叶变换等于原函数的傅里叶变换乘以因子 $(j\omega)^n$。

6. 积分关系

若 $x(t) \leftrightarrow X(\omega)$，则

$$\int_{-\infty}^{t} x(\tau) \, d\tau \leftrightarrow \frac{X(\omega)}{j\omega} \tag{1.22}$$

证

因为 $\dfrac{d}{dt}\left(\int_{-\infty}^{t} x(\tau) \, d\tau\right) = x(t)$，所以 $FT\left[\dfrac{d}{dt}\left(\int_{-\infty}^{t} x(\tau) \, d\tau\right)\right] = FT[x(t)] = X(\omega)$，

根据微分性质，$FT\left[\dfrac{d}{dt}\left(\int_{-\infty}^{t} x(\tau) \, d\tau\right)\right] = j\omega FT\left[\int_{-\infty}^{t} x(\tau) \, d\tau\right]$，故 $\int_{-\infty}^{t} x(\tau) \, d\tau \leftrightarrow \dfrac{X(\omega)}{j\omega}$。

即积分的傅里叶变换等于原函数的傅里叶变换除以因子 $j\omega$。

若 $\int_{-\infty}^{t} x(\tau) \, d\tau$ 不满足傅里叶变换条件，则积分性质为

$$\int_{-\infty}^{t} x(\tau)\mathrm{d}\tau \leftrightarrow \pi X(0)\delta(\omega) + \frac{X(\omega)}{\mathrm{j}\omega} \tag{1.23}$$

7. 对称性

若 $x(t) \leftrightarrow X(\omega)$,则

$$X(t) \leftrightarrow 2\pi x(-\omega) \tag{1.24}$$

证

因为 $x(t) = \dfrac{1}{2\pi}\int_{-\infty}^{\infty} X(\omega)\mathrm{e}^{\mathrm{j}\omega t}\mathrm{d}\omega$,所以 $x(-t) = \dfrac{1}{2\pi}\int_{-\infty}^{\infty} X(\omega)\mathrm{e}^{-\mathrm{j}\omega t}\mathrm{d}\omega$,将变量 t 和 ω 互

换,则 $2\pi x(-\omega) = \int_{-\infty}^{\infty} X(t)\mathrm{e}^{-\mathrm{j}\omega t}\mathrm{d}t$,即 $X(t) \leftrightarrow 2\pi x(-\omega)$。

图 1.2 以矩形函数为例说明傅里叶变换的对称性。

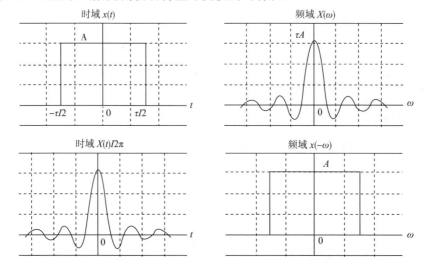

图 1.2　对称性

8. 折卷性

无论 $x(t)$ 是实函数还是复函数,若 $x(t) \leftrightarrow X(\omega)$,则

$$x(-t) \leftrightarrow X(-\omega) \tag{1.25}$$

其中,$X(-\omega) = X^*(\omega)$,$X^*(\omega)$ 是 $X(\omega)$ 的共轭。时域反摺,频域也反摺。

9. 共轭性

无论 $x(t)$ 是实函数还是复函数,若 $x(t) \leftrightarrow X(\omega)$,则

$$x^*(t) \leftrightarrow X^*(-\omega) \tag{1.26}$$

$$x^*(-t) \leftrightarrow X^*(\omega) \tag{1.27}$$

其中，$x^*(t)$ 是 $x(t)$ 的共轭。时域共轭则频域共轭并且反摺。

10. 乘积定理

若 $x_1(t) \leftrightarrow X_1(\omega), x_2(t) \leftrightarrow X_2(\omega)$，则

$$\int_{-\infty}^{\infty} x_1(t)x_2(t)\mathrm{d}t = \frac{1}{2\pi}\int_{-\infty}^{\infty} X_1^*(\omega)X_2(\omega)\mathrm{d}\omega = \frac{1}{2\pi}\int_{-\infty}^{\infty} X_1(\omega)X_2^*(\omega)\mathrm{d}\omega \tag{1.28}$$

其中，$X_1^*(\omega), X_2^*(\omega)$ 分别是 $X_1(\omega), X_2(\omega)$ 的共轭函数。

11. 卷积定理

（1）卷积

已知函数 $x_1(t)$ 和 $x_2(t)$，则

$$x_1(t) * x_2(t) = \int_{-\infty}^{\infty} x_1(\tau)x_2(t-\tau)\mathrm{d}\tau \tag{1.29}$$

称为函数 $x_1(t)$ 与 $x_2(t)$ 的卷积。卷积运算满足交换律和加法分配律。卷积运算在信号处理中普遍运用，利用傅里叶变换可将复杂的卷积运算化为乘积运算。

（2）时域卷积定理

若 $x_1(t) \leftrightarrow X_1(\omega), x_2(t) \leftrightarrow X_2(\omega)$，则

$$x_1(t) * x_2(t) \leftrightarrow X_1(\omega)X_2(\omega) \tag{1.30}$$

即时域卷积对应频域乘积。

（3）频域卷积定理

若 $x_1(t) \leftrightarrow X_1(\omega), x_2(t) \leftrightarrow X_2(\omega)$，则

$$x_1(t)x_2(t) \leftrightarrow \frac{1}{2\pi}X_1(\omega) * X_2(\omega) \tag{1.31}$$

即时域乘积对应频域卷积的 $1/2\pi$。

（4）卷积性质的逆形式

若 $x_1(t) \leftrightarrow X_1(\omega), x_2(t) \leftrightarrow X_2(\omega)$，则

$$FT^{-1}[X_1(\omega) * X_2(\omega)] = 2\pi FT^{-1}[X_1(\omega)]FT^{-1}[X_2(\omega)] = x_1(t)x_2(t)$$

$$\tag{1.32}$$

即两个函数卷积的傅里叶逆变换等于它们各自的傅里叶逆变换的乘积乘以 2π。其中，$FT^{-1}[\cdot]$ 表示傅里叶逆变换。

12. Parseval（帕塞瓦尔）定理

一个函数的平方总和等于其傅里叶变换的模方总和。

若函数 $x(t)$ 绝对可积且平方可积，则有

$$\int_{-\infty}^{\infty} [x(t)]^2 \mathrm{d}t = \frac{1}{2\pi} \int_{-\infty}^{\infty} |X(\omega)|^2 \mathrm{d}\omega \tag{1.33}$$

证

Parseval 定理属于傅里叶变换性质，是傅里叶变换乘积定理的特例。设有傅里叶变换对 $x_1(t) \leftrightarrow X_1(\omega)$，$x_2(t) \leftrightarrow X_2(\omega)$，根据傅里叶乘积定理，有

$$\int_{-\infty}^{\infty} x_1(t) x_2(t) \mathrm{d}t = \frac{1}{2\pi} \int_{-\infty}^{\infty} X_1(\omega) X_2^*(\omega) \mathrm{d}\omega = \frac{1}{2\pi} \int_{-\infty}^{\infty} X_1^*(\omega) X_2(\omega) \mathrm{d}\omega$$

其中，$X_1^*(\omega)$，$X_2^*(\omega)$ 分别是 $X_1(\omega)$，$X_2(\omega)$ 的复共轭。令 $x_1(t) = x_2(t) = x(t)$，则

$$\int_{-\infty}^{\infty} x^2(t) \mathrm{d}t = \frac{1}{2\pi} \int_{-\infty}^{\infty} |X(\omega)|^2 \mathrm{d}\omega 。$$

13. 自相关函数

定义　函数 $x(t)$ 的自相关函数定义为

$$r(\tau) = \int_{-\infty}^{\infty} x(t) x(t+\tau) \mathrm{d}t \tag{1.34}$$

能量（密度）谱　若函数 $x(t)$ 能量有限，则 $x(t)$ 存在能量谱，记 $x(t)$ 的能量谱密度为 $E(\omega) = |X(\omega)|^2$，则

$$r(\tau) \leftrightarrow E(\omega) \tag{1.35}$$

即，函数的能量谱和自相关函数构成一个傅里叶变换对。

自相关函数是谱分析中重要概念，利用傅里叶变换将自相关函数和能量谱建立起联系。如果函数 $x(t)$ 是随机函数，如随机过程的样本函数，将引出"功率谱"概念。随机过程的"功率谱"和自相关函数构成一个傅里叶变换对。

1.4　广义傅里叶变换

傅里叶变换存在条件很苛刻,要求函数绝对可积:

$$\int_{-\infty}^{\infty} |f(t)| \, \mathrm{d}t < \infty$$

很多重要而且常用的函数不满足绝对可积条件。比如,常数、正弦函数、余弦函数、δ 函数、单位阶跃函数等。它们不存在通常意义下的傅里叶变换。

Dirac(狄拉克)函数,记为 δ 函数,是广义函数,没有通常意义下变量值与函数值的对应关系。借助 δ 函数可以处理这些不满足绝对可积函数的傅里叶变换。

1. δ 函数

定义

现实中,有很多作用时间极短、作用强度极大的瞬态现象,δ 函数是描述这种现象的理想模型。δ 函数由物理学家 Dirac 引进,用于描述物理中的点量。在数学上,δ 函数可以当作普通函数参加运算,给处理某些数学物理问题带来方便。其实用定义方式是:若 $x(t)$ 为无穷次可微函数,则有

$$\int_{-\infty}^{\infty} \delta(t)x(t)\mathrm{d}t = x(0) \tag{1.36}$$

定义表明:δ 函数和任意一个无穷次可微函数的乘积在 $(-\infty, \infty)$ 上的积分有着确定的意义。δ 函数是一种极限形式,对 δ 函数的理解,需要借助极限和积分概念。δ 函数曲线的峰无限高,宽度无限窄,曲线下围成的面积为有限值。

δ 函数的傅里叶变换　　在定义式(1.36)中,取 $x(t) = \mathrm{e}^{-\mathrm{j}\omega t}$,则

$$\int_{-\infty}^{\infty} \delta(t)\mathrm{e}^{-\mathrm{j}\omega t}\mathrm{d}t = 1 \tag{1.37}$$

即 $\delta(t)$ 函数与常数 1 构成一个傅里叶变换对,$\delta(t) \leftrightarrow 1$。$\delta(t)$ 函数的傅里叶变换为常数,表明其频谱在整个频域均匀分布,故称为白谱。$\delta(t)$ 函数的时域宽度为零,故其频谱宽度为无穷。

δ 函数的傅里叶逆变换

$$\delta(t) = \frac{1}{2\pi}\int_{-\infty}^{\infty} 1 \cdot \mathrm{e}^{\mathrm{j}\omega t}\mathrm{d}\omega \tag{1.38}$$

工程上,将 $\delta(t)$ 函数用有向线段表示,线段长度等于 1 表示 $\delta(t)$ 函数的积分值。δ 函数及其傅里叶变换如图 1.3 所示。

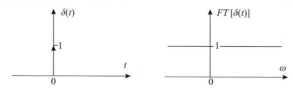

图 1.3 δ 函数及其傅里叶变换

δ 函数的性质

筛选性

$$\int_{-\infty}^{\infty} \delta(t)x(t)\mathrm{d}t = x(0), \quad \int_{-\infty}^{\infty} \delta(t-t_0)x(t)\mathrm{d}t = x(t_0) \qquad (1.39)$$

偶函数

$$\delta(-t) = \delta(t) \qquad (1.40)$$

筛选性和偶函数性是 $\delta(t)$ 函数的重要性质。另外说明一点:在积分意义下,δ 函数具有任意阶广义导数,并且其广义导数具有 δ 函数类似的性质。

2. 常用广义傅里叶变换

(1)常数的傅里叶变换

因为 δ 函数的傅里叶变换是频域常数,$\delta(t) \leftrightarrow 1$,所以根据傅里叶变换的对称性及 δ 函数的偶函数的性质有

$$1 \leftrightarrow 2\pi\delta(\omega) \qquad (1.41)$$

对于任意常数 A,有

$$A \leftrightarrow 2\pi A\,\delta(\omega) \qquad (1.42)$$

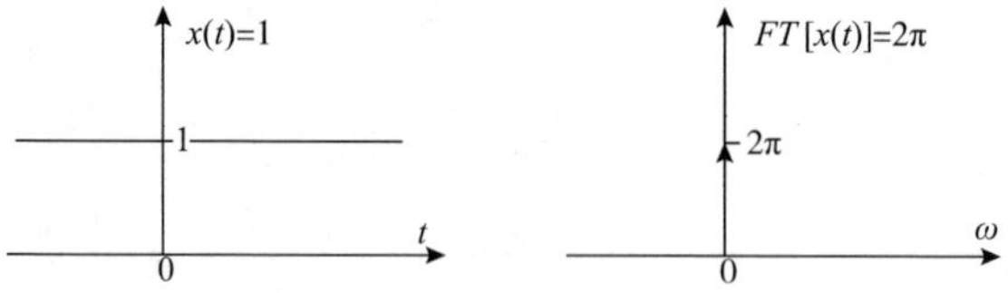

图 1.4 常数的傅里叶变换

(2)单位复指数函数的傅里叶变换

单位复指数函数:

$$x(t) = \mathrm{e}^{\pm j\omega_0 t} \qquad (1.43)$$

根据傅里叶变换的频移特性:若 $x(t) \leftrightarrow X(\omega)$,则 $x(t)\mathrm{e}^{\pm\mathrm{j}\omega t_0} \leftrightarrow X(\omega \mp \omega_0)$,根据 $1 \leftrightarrow 2\pi\delta(\omega)$,可以得到以单位复指数函数的傅里叶变换为

$$\mathrm{e}^{\pm\mathrm{j}\omega_0 t} \leftrightarrow 2\pi\delta(\omega \mp \omega_0) \tag{1.44}$$

复指数函数的傅里叶变换是位于 ω_0 处、强度为 2π 的冲激函数。

（3）正弦、余弦函数的傅里叶变换

由单位复指数函数的傅里叶变换,可以得到正弦、余弦函数的广义傅里叶变换,如图 1.5 所示。

$$FT[\sin\omega_0 t] = FT\left[\frac{1}{2\mathrm{j}}(\mathrm{e}^{\mathrm{j}\omega_0 t} - \mathrm{e}^{-\mathrm{j}\omega_0 t})\right] = \mathrm{j}\pi[\delta(\omega + \omega_0) - \delta(\omega - \omega_0)] \tag{1.45}$$

$$\sin\omega_0 t \leftrightarrow \mathrm{j}\pi[\delta(\omega + \omega_0) - \delta(\omega - \omega_0)]$$

$$FT[\cos\omega_0 t] = FT\left[\frac{1}{2}(\mathrm{e}^{\mathrm{j}\omega_0 t} + \mathrm{e}^{-\mathrm{j}\omega_0 t})\right] = \pi[\delta(\omega + \omega_0) + \delta(\omega - \omega_0)] \tag{1.46}$$

$$\cos\omega_0 t \leftrightarrow \pi[\delta(\omega + \omega_0) + \delta(\omega - \omega_0)]$$

正弦、余弦函数的傅里叶变换是位于 $\pm\omega_0$ 处、强度为 π 的冲激函数。

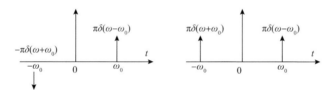

图 1.5　正弦、余弦函数的傅里叶变换

（4）符号函数的傅里叶变换

符号函数:

$$\mathrm{sgn}(t) = \begin{cases} 1, & t > 0 \\ -1, & t < 0 \end{cases} \tag{1.47}$$

为了求 $\mathrm{sgn}(t)$ 的傅里叶变换,我们构造交叉对称函数 $x(t) = -\mathrm{e}^{at} + \mathrm{e}^{-at}$,其中,$\mathrm{e}^{-at}(\alpha > 0)$ 是单边指数函数。由 $\mathrm{sgn}(t) = \lim_{\alpha \to 0} x(t) = \lim_{\alpha \to 0}(-\mathrm{e}^{at} + \mathrm{e}^{-at})$ 便得到符号函数。

因为 $x(t) = -\mathrm{e}^{at} + \mathrm{e}^{-at}$ 的傅里叶变换为

$$FT[x(t)] = \int_{-\infty}^{0} -\mathrm{e}^{at}\mathrm{e}^{-\mathrm{j}\omega t}\mathrm{d}t + \int_{0}^{\infty}\mathrm{e}^{-at}\mathrm{e}^{-\mathrm{j}\omega t}\mathrm{d}t = \frac{-1}{\alpha - \mathrm{j}\omega} + \frac{1}{\alpha + \mathrm{j}\omega} = \frac{-2\mathrm{j}\omega}{\alpha^2 + \omega^2} \tag{1.48}$$

所以,符号函数傅里叶变换为

$$FT(\mathrm{sgn}(t)) = \lim_{\alpha \to 0}\frac{-2\mathrm{j}\omega}{\alpha^2 + \omega^2} = \frac{2}{\mathrm{j}\omega}, \quad \mathrm{sgn}(t) \leftrightarrow \frac{2}{\mathrm{j}\omega} \tag{1.49}$$

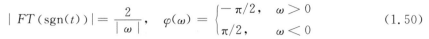

$$|FT(\text{sgn}(t))| = \frac{2}{|\omega|}, \qquad \varphi(\omega) = \begin{cases} -\pi/2, & \omega > 0 \\ \pi/2, & \omega < 0 \end{cases} \qquad (1.50)$$

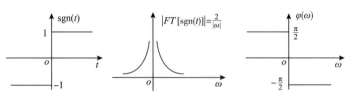

图 1.6　符号函数及其傅里叶变换

（5）单位阶跃函数的傅里叶变换

单位阶跃函数：

$$u(t) = \begin{cases} 1, & t > 0 \\ 0, & t < 0 \end{cases} \qquad (1.51)$$

$u(t)$ 在 $t=0$ 点跳变、无定义，一般规定 $u(0)=1/2$。阶跃函数可以用符号函数表示为

$$u(t) = \frac{1}{2} + \frac{1}{2}\text{sgn}(t) \qquad (1.52)$$

由常数及符号函数的傅里叶变换，可以得到单位阶跃函数的傅里叶变换：

$$FT[u(t)] = FT\left(\frac{1}{2}\right) + \frac{1}{2}FT(\text{sgn}(t)) = \pi\delta(\omega) + \frac{1}{j\omega} \qquad (1.53)$$

幅度谱和相位谱分别为

$$|FT(u(t))| = \sqrt{\pi^2\delta^2(\omega) + \frac{1}{\omega^2}}, \qquad \varphi(\omega) = \begin{cases} \pi/2, & \omega < 0 \\ 0, & \omega = 0 \\ -\pi/2, & \omega > 0 \end{cases}$$

$$(1.54)$$

阶跃信号不是纯粹直流信号，频谱中含有直流分量和冲激函数，如图 1.7 所示。

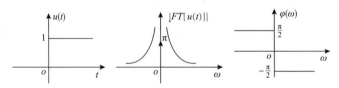

图 1.7　阶跃函数及其傅里叶变换

（6）矩形函数的傅里叶变换

矩形函数：

$$x(t) = \begin{cases} A, & |t| \leqslant \tau/2 \\ 0, & |t| > \tau/2 \end{cases} \tag{1.55}$$

其中，A 是脉冲幅度，τ 是脉冲宽度。矩形函数的傅里叶变换如下：

$$FT(x(t)) = X(\omega) = \int_{-\tau/2}^{\tau/2} A\mathrm{e}^{-\mathrm{j}\omega t}\mathrm{d}t = \frac{-A}{\mathrm{j}\omega}\mathrm{e}^{-\mathrm{j}\omega t}\Big|_{-\tau/2}^{\tau/2} = \frac{-A}{\mathrm{j}\omega}(\mathrm{e}^{-\mathrm{j}\omega\tau/2} - \mathrm{e}^{\mathrm{j}\omega\tau/2})$$

$$= \frac{A\tau}{\omega\tau/2}\Big(\frac{\mathrm{e}^{\mathrm{j}\omega\tau/2} - \mathrm{e}^{-\mathrm{j}\omega\tau/2}}{2\mathrm{j}}\Big) = A\tau\,\frac{\sin(\omega\tau/2)}{\omega\tau/2} \tag{1.56}$$

令

$$\mathrm{sinc}\Big(\frac{\omega\tau}{2}\Big) = \frac{\sin(\omega\tau/2)}{\omega\tau/2} \tag{1.57}$$

则

$$X(\omega) = A\tau\,\mathrm{sinc}\Big(\frac{\omega\tau}{2}\Big) \tag{1.58}$$

幅度谱和相位谱分别为

$$|X(\omega)| = A\tau\,|\,\mathrm{sinc}(\omega\tau/2)\,| \tag{1.59}$$

$$\varphi(\omega) = \begin{cases} 0, & \dfrac{4n\pi}{\tau} < |\omega| < \dfrac{2(2n+1)\pi}{\tau} \\[2mm] \pi, & \dfrac{2(2n+1)\pi}{\tau} < |\omega| < \dfrac{4(n+1)\pi}{\tau} \end{cases} \tag{1.60}$$

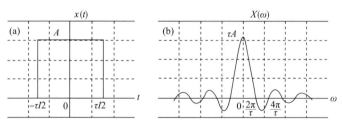

图 1.8　矩形脉冲函数(a)及其傅里叶变换(b)

矩形脉冲信号的频谱是 sinc 函数，具有如下特点：

(1)当 $t = \pm\pi, \pm2\pi, \cdots, \pm n\pi$ 时，sinc 函数取零点，$\mathrm{sinc}(t) = 0$。信号能量主要集中在第一个过零点内，$\omega \leqslant 2\pi/\tau$。

(2)当 $t = 0$ 时，sinc 函数取最大值。

(3)$\mathrm{sinc}(0) = 1$，$\displaystyle\int_{-\pi}^{\pi}\mathrm{sinc}(t)\mathrm{d}t = \pi$，$\displaystyle\int_{0}^{\pi}\mathrm{sinc}(t)\mathrm{d}t = \frac{\pi}{2}$。

(4)定义矩形脉冲信号带宽为 $B_\omega = 2\pi/\tau$ 或 $B_f = 1/\tau$，频带宽度和脉宽呈反比 $B_f \propto 1/\tau$。

　　傅里叶变换是一种线性积分变换。正变换和逆变换互逆,唯一区别是幂的符号。任一函数的傅里叶变换是唯一的,逆变换亦然。傅里叶变换本质是内积。傅里叶展开的本质是基函数取三角函数族的标准完备正交基线性展开,将周期函数展开成具有谐波关系的三角函数的加权和,将非周期函数展开成三角函数的加权积分。傅里叶变换的应用意义在于:把复杂函数用一系列简单函数的线性组合近似表示,并且可以以任意精度趋近于原函数。通过傅里叶变换可以确定函数中包含的频率成分。但是,傅里叶变换是全局变换,无法确定某一频率成分出现的时间,即没有相位信息。同时,傅里叶变换要求函数绝对可积,该条件很苛刻,很多常用函数不满足绝对可积条件。

　　傅里叶变换不仅是确定函数的分析工具,也在随机过程的研究中得到推广。在功率谱估计方面,傅里叶变换是经典功率谱估计的理论基础,对经典估计性能的理解取决于对傅里叶变换的理解。特别是在二阶矩平稳过程的谱展开中傅里叶变换起着重要作用。

第 2 章　随机过程

　　功率谱是随机过程(Stochastic process)统计属性的频域表现,要深刻理解功率谱及功率谱估计自然需要随机过程理论的支持。功率谱和自相关函数是随机过程同一数字特征函数在不同域的表现,本章讲述时域的自相关函数,频域的功率谱在第 3 章讲述。

　　自相关函数是随机过程非常重要的数字特征函数,既是随机过程的研究重点,也是随机过程的研究工具。自相关函数是本章讲述重点。因为随机变量是随机过程的基础,随机过程是随机变量随时间的推演,所以本章分随机变量和随机过程两节。2.1 节对随机变量的有关基础知识进行了归纳,2.2 节主要讲述随机过程的自相关函数。

2.1　随机变量

　　本节对随机变量有关内容进行概要总结,主要涉及随机变量及其分布函数定义、数字特征、特征函数、随机变量函数、极限理论、常见分布等内容。这些内容是随机过程理论的基础,也是随机过程功率谱理论的基础。

　　随机过程的理论基础是概率论,所以首先给出随机试验、样本空间、事件域、概率空间等概率论的基本概念。

　　随机试验用来研究随机现象,是概率论的一个基本概念。概率论中,把符合以下三个特点的试验称作随机试验:

　　(1)在相同的条件下,试验可以重复进行。

　　(2)试验结果不唯一,事先能明确所有可能的结果。

　　(3)每次试验的结果,事先不能确定。

　　随机试验"所有可能结果"构成的非空集合称为样本空间,记作 Ω。样本空间的元素称为样本,记作 ω。

随机试验"所有可能结果的所有可能组合"构成的集合称为样本空间 Ω 的事件域，记作 F。事件域的元素称为随机事件，以大写字母 $A,B,\cdots$ 表示。事件域 F 涵盖基本事件和复合事件。不能再分解的事件称为基本事件，可再分解的事件称为复合事件。

设 $P(A)(A\in F)$ 是定义在事件域 F 上的实函数，如果 $P(A)$ 满足下列条件，则称 $P(A)$ 是定义在二元组 (Ω,F) 上的概率测度。

（1）对于任意 $A\in F$，有 $0\leqslant P(A)\leqslant 1$。

（2）$P(\Omega)=1$。

（3）若 $A_1,A_2,\cdots\in F$ 两两相斥（两两互不相容），则 $P(\bigcup\limits_{k=1}^{\infty}A_k)=\sum\limits_{k=1}^{\infty}P(A_k)$

上述三条件称为 Kolmogorov（科尔莫戈罗夫）概率论的三条公理，即 $P(A)$ 须满足非负性、归一性和可列可加性。

我们将样本空间、事件域和概率三元参数合称为概率空间，记为 (Ω,F,P)。

2.1.1 随机变量及其分布函数与密度函数

1. 随机变量

设有随机试验 E，其样本空间为 Ω，样本为 ω，相应概率空间为 (Ω,F,P)，若对 Ω 中的每个样本 ω 都有变量 X 的惟一的一个实数值 x 与之对应，则称 X 为随机变量。

对随机现象的有效研究是将随机现象数量化后以函数的方式加以研究。随机变量是随机现象的数量化，是样本空间到实数空间的映射。由定义可知，随机变量是定义在样本空间上的单值函数。

2. 分布函数

对随机变量起决定性意义的是其概率分布函数（简称分布函数），随机变量的全部统计规律由分布函数完整地描述。随机变量的分析研究、数字特征的定义、随机变量的分类等都依据其分布函数。

定义

设 X 是随机变量，对任意实数 x，将事件 $\{X\leqslant x\}$ 的概率 $p\{X\leqslant x\}$ 定义为随机变量 X 的概率分布函数，记作：

$$F(x) = p\{X \leqslant x\} \tag{2.1}$$

分布函数基本性质　　"非负、单调、不减"是分布函数的本质。

1）非负有界性

$$0 \leqslant F(x) \leqslant 1 \tag{2.2}$$

$$\lim_{x \to -\infty} F(x) = 0, \ \lim_{x \to \infty} F(x) = 1, \ x = (-\infty, \infty) \tag{2.3}$$

2）单调不减性

$$若 \ x_1 \leqslant x_2, 则 \ F(x_1) \leqslant F(x_2) \tag{2.4}$$

$$p(x_1 \leqslant X \leqslant x_2) = F(x_2) - F(x_1) \tag{2.5}$$

3）右连续性

$$\lim_{x \to x_0^+} F(x) = F(x_0) \tag{2.6}$$

离散随机变量分布函数与密度函数

如果随机变量 X 只取有限个或可列个离散值，则称 X 为离散型随机变量。记 p_k 为 $X = x_k$ 的概率，称 $\{p_k\}$ 为离散型随机变量 X 的概率分布列。分布函数为

$$F(x) = \sum_{x_k \leqslant x} p_k \tag{2.7}$$

离散型随机变量的分布函数 $F(x)$ 是阶梯函数，在 x_k 处有 p_k 的跳跃。

对于离散型随机变量 X，其密度函数可以表示为

$$f(x) = \sum_k p_k \delta(x - x_k) \tag{2.8}$$

离散型随机变量的密度函数 $f(x)$ 是位于 x_k 处、幅度为 p_k 的竖线。

连续随机变量分布函数与密度函数

如果随机变量 X 的分布函数 $F(x)$ 可以表示为

$$F(x) = \int_{-\infty}^{x} f(x) \mathrm{d}x \tag{2.9}$$

其中，$f(x)$ 是非负函数，则称 $f(x)$ 是 X 的分布密度函数。分布密度函数是分布函数的导数。常用符号 $X \sim f(x)$ 表示 X 是概率密度为 $f(x)$ 随机变量。

分布密度函数具有如下基本性质：

$$f(x) = \frac{\mathrm{d}F(x)}{\mathrm{d}x} \geqslant 0 \tag{2.10}$$

$$\int_{-\infty}^{\infty} f(x) \mathrm{d}x = 1, \quad x \in (-\infty, \infty) \tag{2.11}$$

3. 随机变量之间的关系

相关性和独立性是随机变量之间的基本关系，并且是容易混淆的概念。很多定理建立在不相关或独立的前提条件下，应加以注意。随机变量之间的相关和独立是概率论中随机事件相关和独立概念的推广。

独立性

如果一个随机变量的取值不影响另一个随机变量取值的统计规律,则这两个随机变量相互独立。

设 $F(x,y)$ 是二维随机变量 (X,Y) 的联合分布函数,$F_X(x)$,$F_Y(y)$ 分别是随机变量 X 和 Y 的分布函数,若对 $\forall^{①}x,y$,恒有 $F(x,y)=F_X(x)F_Y(y)$ 成立,则称随机变量 X 和随机变量 Y 相互独立。随机变量之间独立概念的本质是两者发生的概率互不影响。$F(x,y)=F_X(x)F_Y(y)$ 是随机变量相互独立的充要条件。

相关性

如果一个随机变量的取值影响另一个随机变量取值的统计规律,则这两个随机变量相关。要注意的是:随机变量之间的相关是指线性相关性,并由两个随机变量之间的协方差度量。

独立性与相关性的关系

相关一定不独立,独立一定不相关,不相关不一定独立。但是,对于高斯分布随机变量,独立和不相关等价。

2.1.2　数字特征

由分布函数(或密度函数)定义、刻画随机变量统计特征的确定数值称为随机变量的数字特征。

数字特征对随机变量的研究起着重要作用。虽然分布函数能完整描述随机变量的统计特性,但是有时分布函数难于求得,只能通过数字特征大致了解分布情况。对于有些实际应用有时只需要确定数字特征。

随机变量的数字特征可以统一定义为矩。

1. 矩

设有随机变量 X,若 $E(X^k)$ 存在,$k=1,2,\cdots$,则称

$$m_k = E(X^k) \tag{2.12}$$

为 X 的 k 阶原点矩。

若 $E[(X-\mu)^k]$ 存在,则称

$$c_k = E[(X-\mu)^k] \tag{2.13}$$

为 X 的 k 阶中心矩。其中,$\mu=E(X)$,称为 X 的数字期望。

显然,如果 $E(X)=0$,则原点矩和中心矩等价。

由定义,k 阶原点矩和 k 阶中心矩有如下关系:

---

① 符号"$\forall$"表示任意的、一切的、所有的、全部的意思。

$$c_2 = m_2 - m_1^2 \tag{2.14}$$

$$c_3 = m_3 - 3m_1m_2 + 2m_1^3 \tag{2.15}$$

$$c_4 = m_4 - 4m_3m_1 + 6m_2m_1^2 - 3m_1^4 \tag{2.16}$$

并且原点矩与中心矩的关系可以统一表述为

$$c_k = \sum_{r=0}^{k} C_k^r (-m_1)^{k-r} m_r \tag{2.17}$$

其中,$C_k^r = \dfrac{k!}{r!(k-r)!}$。

对于两个以上的随机变量可以定义它们之间的 k 阶混合原点矩和 k 阶混合中心矩。

设有随机变量 X 和 Y,若 $E(X^kY^l)$,$k,l = 1,2,\cdots$,存在,则

$$E(X^kY^l) \tag{2.18}$$

称为随机变量 X 和 Y 的 $k+l$ 阶混合原点矩,

$$E[(X-\mu_X)^k(Y-\mu_Y)^l] \tag{2.19}$$

称为随机变量 X 和 Y 的 $k+l$ 阶混合中心矩。其中,$\mu_X = E(X)$,$\mu_Y = E(Y)$。

随机变量四阶以下的低阶矩具有明确的意义,一阶原点矩为数学期望,二阶中心矩为方差,三阶矩为斜度,四阶矩为峰度。

2. 数学期望

随机变量的一阶(原点)矩称为数学期望,刻画随机变量取值的平均状况。

定义

若 X 为离散型随机变量,概率分布列为 $\{p_k\}$,$k=1,2,\cdots$,若级数 $\sum\limits_{k=1}^{\infty} x_kp_k < \infty$,则称

$$\mu = E(X) = \sum_{k=1}^{\infty} x_kp_k \tag{2.20}$$

为 X 的数学期望,简称期望或均值。

若 X 为连续型随机变量,密度函数为 $f(x)$,且 $\int_{-\infty}^{\infty} |x| f(x)\mathrm{d}x < \infty$,则称

$$\mu = E(X) = \int_{-\infty}^{\infty} x f(x)\mathrm{d}x \tag{2.21}$$

为 X 的数学期望。

离散型随机变量其数学期望是以概率 p_k 为权的随机变量取值的加权平均;连续型随机变量其数学期望是以概率密度 $f(x)$ 为权的随机变量取值的加权平均。

基本性质

1)若 c 为常数,则

$$E(cX) = cE(X) \tag{2.22}$$

2)随机变量线性组合 $X = b + \dfrac{1}{n}\sum\limits_{k=1}^{n} c_k X_k$ 的均值为

$$E(X) = b + \frac{1}{n}\sum_{k=1}^{n} c_k E(X_k) \tag{2.23}$$

其中,$c_k, k=1,2,\cdots,c_n, b$ 是常数。

3)若 $X_1, X_2, \cdots, X_n$ 相互独立,则

$$E(X_1 X_2 \cdots X_n) = E(X_1)E(X_2)\cdots E(X_n) \tag{2.24}$$

3. 方差

随机变量的二阶中心矩称为方差,刻画随机变量取值围绕均值的分散程度。

定义

设 X 为一随机变量,若 $E[(X-E(X))^2]$ 存在,则称 $E[(X-E(X))^2]$ 为 X 的方差。

若 X 是离散型随机变量,其概率分布列为 $\{p_k\}, k=1,2,\cdots$,则

$$\sigma_X^2 = D(X) = \sum_{k=1}^{\infty} [X_k - E(X)]^2 p_k \tag{2.25}$$

若 X 是连续型随机变量,其概率密度函数为 $f(x)$,则

$$\sigma_X^2 = D(X) = \int_{-\infty}^{\infty} [X - E(X)]^2 f(x)\,\mathrm{d}x \tag{2.26}$$

并称 $\sigma_X = \sqrt{D(X)}$ 为 X 的标准差。注:以下 $\sigma_X^2, D(X)$ 和 $\mathrm{Var}(X)$ 三者通用。

基本性质

1)方差公式:

$$D(X) = E(X^2) - [E(X)]^2 \tag{2.27}$$

2)若 c 为常数,则

$$D(cX) = c^2 D(X) \tag{2.28}$$

3)若 X,Y 相互独立,则

$$D(X + Y) = D(X) + D(Y) \tag{2.29}$$

4)若 $X_1, X_2, \cdots, X_n$ 相互独立,且 $D(X_k) = \sigma^2, E(X_k) = \mu, k=1,2,\cdots,n$,则随机变量 $X = \dfrac{1}{n}\sum\limits_{k=1}^{n} X_k$ 的数学期望和方差分别为

$$E(X) = \frac{1}{n}\sum_{k=1}^{n} E(X_k) = \mu \tag{2.30}$$

$$D(X) = \frac{1}{n^2}\sum_{k=1}^{n} D(X_k) = \frac{\sigma^2}{n} \tag{2.31}$$

上式的应用意义在于,对于相互独立随机变量,多次平均可以减小方差。

Chebyshev(切比雪夫)不等式

若随机变量 X 的方差 $D(X)$ 存在,对任何 $\varepsilon > 0$,则

$$P(\mid X - E(X) \mid \geqslant \varepsilon) \leqslant \frac{D(X)}{\varepsilon^2} \tag{2.32}$$

或等价于

$$P(\mid X - E(X) \mid \leqslant \varepsilon) \leqslant 1 - \frac{D(X)}{\varepsilon^2} \tag{2.33}$$

Chebyshev 不等式是一个很有实用价值的不等式,利用期望和方差可以估计随机变量落在区间 $[E(X) - \varepsilon, E(X) + \varepsilon]$ 内的概率。

随机变量的标准化

根据随机变量的均值与方差,可以对随机变量进行标准化处理。在实际应用中,使用标准化随机变量具有很多优点。对于随机变量 X,如果 $E(X)$ 和 $D(X)$ 存在,且 $D(X) > 0$,通过标准化变换:

$$Y = \frac{X - E(X)}{\sqrt{D(X)}} \tag{2.34}$$

可将随机变量 X 化为 $E(Y) = 0$,$D(Y) = 1$ 的标准化随机变量 Y。

4. 协方差与相关矩

协方差是随机变量的二阶(混合中心)矩,用于刻画随机变量之间的相关性。

定义

对于两个随机变量 X 和 Y,若 $E[(X - E(X))(Y - E(Y))]$ 存在,则称其为 X 与 Y 的协方差,记为 $\mathrm{Cov}(X, Y)$。

$$\mathrm{Cov}(X, Y) = E[(X - E(X))(Y - E(Y))] \tag{2.35}$$

性质

$$\mathrm{Cov}(X, Y) = \mathrm{Cov}(Y, X) \tag{2.36}$$

$$\mathrm{Cov}(aX, bY) = ab\,\mathrm{Cov}(X, Y), \quad a, b \text{ 为常数} \tag{2.37}$$

$$\mathrm{Cov}(X + Y, Z) = \mathrm{Cov}(X, Z) + \mathrm{Cov}(Y, Z) \tag{2.38}$$

相关矩

协方差中,若 $E(X) = E(Y) = 0$,则

$$\mathrm{Cov}(X, Y) = E(XY) \tag{2.39}$$

称 $E(XY)$ 为 X 与 Y 的相关矩。即均值为 0 时,协方差退化为相关矩。协方差和相关矩都是用于刻画随机变量之间的相关性的数字特征。随机变量之间的相关性非常重要,很多信息提取都源于随机变量间的相关性。

相关系数

若 $D(X) \neq 0$,$D(Y) \neq 0$,则称

$$\rho_{XY} = \frac{\mathrm{Cov}(X,Y)}{\sqrt{D(X)}\ \sqrt{D(Y)}}\qquad(2.40)$$

为 X 和 Y 的相关系数。

相关系数 ρ_{XY} 是归一化的定量描述 X 与 Y 之间线性相关度的量。$|\rho_{XY}|=1$ 时，X 与 Y 依概率 1 线性相关。ρ_{XY} 趋于 0 时，表明 X 与 Y 间的线性关系很差。$\rho_{XY}=0$ 时，称 X 与 Y 不相关。注意，不相关指的是线性无关，并不是没有关系。

Cauchy-Schwartz（柯西—许瓦兹）不等式

对任意两个随机变量 X 与 Y，均有

$$[\mathrm{E}(XY)]^2 \leqslant \mathrm{E}(X^2)\mathrm{E}(Y^2)\qquad(2.41)$$

均值反映随机变量分布的集中趋势，方差反映随机变量分布关于均值的离散程度。偏度和峰度是对随机变量分布形状进一步刻画的宏观统计量。

5. 偏度（斜度）

偏度（skewness）是随机变量的三阶中心矩，反映随机变量分布关于均值的不对称程度。

令 $\mu=E(X)$，则随机变量 X 的偏度定义为

$$S = E[(X-\mu)^3]\qquad(2.42)$$

这是绝对偏度的定义。为了便于随机变量之间的比较，实际应用中更多采用归一化的相对偏度。令 $\sigma^2=E[(X-\mu)^2]$，则归一化的相对偏度定义为

$$S = E\left[\left(\frac{X-\mu}{\sigma}\right)^3\right]\qquad(2.43)$$

对于对称分布，如高斯分布，因为 $E[(X-\mu)^3]=0$，所以偏度为 0。偏度大于 0 为右偏，小于 0 为左偏。概率密度函数形状与偏度的关系如图 2.1 所示。

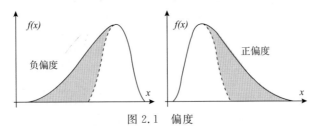

图 2.1 偏度

6. 峰度

峰度（kurtosis）是随机变量的四阶矩，反映随机变量在均值附近的平坦程度。

绝对峰度定义为

$$K = E[(X-\mu)^4]\qquad(2.44)$$

同样，为了便于比较，一般采用归一化的相对峰度定义

$$K = E\left[\left(\frac{X-\mu}{\sigma}\right)^4\right] \tag{2.45}$$

高斯分布的峰度等于3。峰度大于3表示比高斯分布陡峭,称为超高斯分布。小于3表示比高斯分布平坦,称为亚高斯分布。概率密度及函数形状与峰度的关系如图2.2所示。

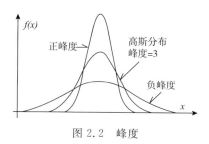

图2.2 峰度

2.1.3 特征函数

1.定义

设有随机变量 X,称

$$\Phi(\omega) = E(\mathrm{e}^{\mathrm{j}\omega X}) \tag{2.46}$$

为随机变量 X 的特征函数。其中,ω 为任意实变量,$\mathrm{j} = \sqrt{-1}$。$\Phi(\omega)$ 是实变量 ω 的复函数。随机变量 X 的特征函数是由 X 构成的随机变量 $\mathrm{e}^{\mathrm{j}\omega X}$ 的数学期望。

若随机变量 X 的分布函数为 $F(x)$,则 X 的特征函数为

$$\Phi(\omega) = E(\mathrm{e}^{\mathrm{j}\omega X}) = \int_{-\infty}^{\infty} \mathrm{e}^{\mathrm{j}\omega X} \mathrm{d}F(x) \tag{2.47}$$

因为任意随机变量的分布函数总是存在的,所以随机变量的特征函数总是存在的。因为特征函数只和分布函数有关,所以特征函数又称为分布函数的特征函数。

对于离散随机变量,特征函数为

$$\Phi(\omega) = E[\mathrm{e}^{\mathrm{j}\omega X}] = \sum_{k=1}^{\infty} \exp(\mathrm{j}\omega x_k) p_k \tag{2.48}$$

其中,p_k 是随机变量 $X = x_k$ 的概率。

对于连续随机变量,特征函数为

$$\Phi(\omega) = E(\mathrm{e}^{\mathrm{j}\omega X}) = \int_{-\infty}^{\infty} f(x) \mathrm{e}^{\mathrm{j}\omega x} \mathrm{d}x \tag{2.49}$$

其中,$f(x)$ 是随机变量 X 的概率密度函数。由上式有

$$f(x) = \frac{1}{2\pi} \int_{-\infty}^{\infty} \Phi(\omega) \mathrm{e}^{-\mathrm{j}\omega x} \mathrm{d}\omega \tag{2.50}$$

随机变量的特征函数与概率密度函数是一对傅里叶变换对。

$$\Phi(\omega) \leftrightarrow f(x)$$

如果我们知道了一个随机变量的特征函数,就等于知道了它的概率密度函数。特征函数与密度函数相互决定。

特征函数具有良好的分析性能,是研究概率分布的工具,特别是涉及随机向量、概率分布、概率分布极限、矩的各种问题,使用特征函数非常方便。

2. 性质

特征函数是定义在 $(-\infty, \infty)$ 上的、一致连续的、关于实变量的复值函数。根据定义,特征函数具有如下性质:

(1) $|\Phi(\omega)| \leqslant |\Phi(0)| = 1$ (2.51)

因为 $\Phi(0) = \int_{-\infty}^{\infty} f(x)\mathrm{d}x = 1$,

所以 $|\Phi(\omega)| = \left| \int_{-\infty}^{\infty} f(x)\mathrm{e}^{\mathrm{j}\omega x}\mathrm{d}x \right| \leqslant \left| \int_{-\infty}^{\infty} f(x)\mathrm{d}x \right| = |\Phi(0)| = 1$。

(2) 若 $Y = aX + b$, a, b 为常数,则

$$\Phi_Y(\omega) = \mathrm{e}^{(\mathrm{j}\omega b)}\Phi_X(a\omega) \qquad\qquad (2.52)$$

根据定义:

$$\Phi_Y(\omega) = E(\mathrm{e}^{\mathrm{j}\omega Y}) = E(\mathrm{e}^{\mathrm{j}\omega(aX+b)}) = \mathrm{e}^{\mathrm{j}\omega b}E(\mathrm{e}^{\mathrm{j}a\omega X}) = \mathrm{e}^{\mathrm{j}\omega b}\Phi_X(a\omega)$$

(3) $\Phi(-\omega) = \Phi^*(\omega)$ (2.53)

$\Phi^*(\omega)$ 是 $\Phi(\omega)$ 的复共轭。

(4) 相互独立随机变量之和的特征函数

若 $X_1, X_2, \cdots, X_n$ 为相互独立随机变量,$Y = \sum_{i=1}^{n} X_i$,则

$$\Phi_Y(\omega) = \prod_{i=1}^{n} \Phi_{X_i}(\omega) \qquad\qquad (2.54)$$

因为 $X_1, X_2, \cdots, X_n$ 相互独立,所以 $E(\mathrm{e}^{\mathrm{j}\omega X_s})$、$E(\mathrm{e}^{\mathrm{j}\omega X_t})$,$s \neq t$,也相互独立,所以有

$$\Phi_Y(\omega) = E(\mathrm{e}^{\mathrm{j}\omega Y}) = E\left(\exp(\mathrm{j}\omega \sum_{i=1}^{n} X_i)\right) = \prod_{i=1}^{n} E(\exp(\mathrm{j}\omega X_i)) = \prod_{i=1}^{n} \Phi_{X_i}(\omega)$$

(5) 若随机变量 X 有 n 阶矩,则随机变量的特征函数可微分 n 次,有

$$m_k = E(X^k) = (-\mathrm{j})^k \frac{\mathrm{d}^k \Phi_X(0)}{\mathrm{d}\omega^k}, \quad k \leqslant n \qquad (2.55)$$

即引入特征函数后,各阶矩可以通过特征函数的求导得到。如均值和方差可以分别用下式求得

$$E(X) = \frac{1}{\mathrm{j}}\Phi'(0) \qquad\qquad (2.56)$$

$$\mathrm{D}(X) = -\Phi''(0) + [\Phi'(0)]^2 \tag{2.57}$$

2.1.4 随机变量函数

设有随机变量 X 和实函数 $y=g(x)$，称随机变量 $Y=g(X)$ 是随机变量 X 的函数。

1. 随机变量函数的分布

若一维随机变量 $X \sim f_X(x)$，$y=g(x)$ 为单调可导实函数，则

$$Y = g(X) \sim f_Y(y) = |h'(y)| f_X[h(y)] \tag{2.58}$$

如果已知随机变量 Y 和 X 之间存在函数关系 $y=g(x)$，X 的分布密度 $f_X(x)$，那么 Y 的分布密度函数 $f_Y(x)$ 可由上式计算。其中，$h(y)$ 是 $y=g(x)$ 的反函数。

2. 随机变量函数的期望

设有随机变量 X 和实函数 $y=g(x)$，按 $y=g(x)$ 定义随机变量 $Y=g(X)$。

若 X 是离散型随机变量，概率分布列为 $\{p_k\}$，$(k=1,2,\cdots)$，则它的函数 $y=g(x)$ 的数学期望为

$$E(Y) = E[g(x)] = \sum_k g(x_k)p_k \tag{2.59}$$

若 X 是连续型随机变量，概率密度函数为 $f(x)$，则 $y=g(x)$ 的期望为

$$E(Y) = E[g(x)] = \int_{-\infty}^{\infty} g(x)f(x)\mathrm{d}x \tag{2.60}$$

上述两个公式的应用意义在于：如果随机变量 Y 和随机变量 X 之间存在函数关系 $y=g(x)$，当需要求随机变量 Y 的期望时，只需知道 X 的分布就可以方便地求出 Y 的期望，不必求 Y 的分布或密度。上述两个公式可以推广到多维随机变量的情形。

2.1.5 复随机变量

定义

设有实随机变量 X 和 Y，则 $Z=X+jY$ 称为复随机变量。

复随机变量 $Z=X+jY$ 的统计特性完全取决于实随机变量 X 和 Y 的联合分布。复随机变量 $Z=X+jY$ 的复共轭记为 $Z^*=X-jY$。

均值

复随机变量 $Z=X+jY$ 的均值为复数。

$$\mu_Z = E(Z) = E(X) + jE(Y) = \mu_X + j\mu_Y \tag{2.61}$$

方差

复随机变量 $Z = X + jY$ 的方差为实数。

$$D(Z) = E[(Z - \mu_Z)(Z - \mu_Z)^*] = E[|Z - \mu_Z|^2] = D(X) + D(Y) \quad (2.62)$$

协方差

设有复随机变量 $Z_1 = X_1 + jY_1$，$Z_2 = X_2 + jY_2$，其协方差为

$$\text{Cov}(Z_1, Z_2) = E[(Z_1 - \mu_{Z_1})(Z_2 - \mu_{Z_2})^*] \quad (2.63)$$

关系

如果 $\text{Cov}(Z_1, Z_2) = 0$，则 Z_1 和 Z_2 不相关。

如果 $E(Z_1 Z_2) = 0$，则 Z_1 和 Z_2 正交。

如果 $f(x_1, y_1; x_2, y_2) = f(x_1, y_1) f(x_2, y_2)$，则 Z_1 和 Z_2 相互独立。如果 Z_1 和 Z_2 相互独立，则 Z_1 和 Z_2 也是不相关。

其中，$f(x_1, y_1; x_2, y_2)$ 是 Z_1 和 Z_2 的联合分布函数，$f(x_1, y_1)$ 是 Z_1 的两实随机变量的联合分布函数，$f(x_2, y_2)$ 是 Z_2 两实随机变量的联合分布函数。

2.1.6　多维随机变量

在实际应用中，对于某一随机事件有时需要同时用多个随机变量去描述，这就产生了多维随机变量的概念。这里，将 N 维随机变量记为 $X = (X_1, X_2, \cdots, X_N)$。出于方便，以下主要给出二维随机变量的统计规律，这些规律可以推广到 N 维随机变量。

和 N 维随机变量接近的概念是 N 维随机矢量，对 N 个随机变量的分析等价于对一个 N 维随机矢量的分析。

1. 联合分布与边沿分布

设有二维随机变量 $X = (X_1, X_2)$，若对于任意的 x_1, x_2，有

$$F(x_1, x_2) = P(X_1 \leqslant x_1, X_2 \leqslant x_2) \quad (2.64)$$

则称 $F(x_1, x_2)$ 为二维随机变量 $X = (X_1, X_2)$ 的联合分布函数。其中，$P(X_1 \leqslant x_1, X_2 \leqslant x_2)$ 表示同时出现 $X_1 \leqslant x_1$ 和 $X_2 \leqslant x_2$ 事件的概率。若 $F(x_1, x_2)$ 可微，则

$$f(x_1, x_2) = \frac{\partial^2 F(x_1, x_2)}{\partial x_1 \partial x_2} \quad (2.65)$$

称为二维随机变量 $X = (X_1, X_2)$ 的联合分布密度函数。并且，将

$$f(x_1) = \int_{-\infty}^{\infty} f(x_1, x_2) \mathrm{d}x_2 \quad (2.66)$$

$$f(x_2) = \int_{-\infty}^{\infty} f(x_1, x_2) \mathrm{d}x_1 \quad (2.67)$$

分别称为二维随机变量 $X = (X_1, X_2)$ 关于 X_1 和 X_2 的边沿分布密度函数。可见,只要给定联合分布密度函数通过积分就可以确定边沿分布密度函数。

2. 多维随机变量函数的分布

设有二维随机变量 $X = (X_1, X_2)$,其密度函数为 $f_X(x_1, x_2)$,经函数变换 $Y_1 = g_1(X_1, X_2)$,$Y_2 = g_2(X_1, X_2)$ 得到二维随机变量 $Y = (Y_1, Y_2)$,假定函数变换为单值变换,其反函数为 $X_1 = h_1(Y_1, Y_2)$,$X_2 = h_2(Y_1, Y_2)$,那么二维随机变量 $Y = (Y_1, Y_2)$ 的密度函数为 $f_Y(y_1, y_2)$ 为

$$f_Y(y_1, y_2) = |\boldsymbol{J}| f_X(x_1, x_2) = |\boldsymbol{J}| f_X(h_1(y_1, y_2), h_2(y_1, y_2)) \quad (2.68)$$

其中 Jacobi(雅可比)行列式为

$$\boldsymbol{J} = \begin{vmatrix} \dfrac{\partial x_1}{\partial y_1} & \dfrac{\partial x_1}{\partial y_2} \\ \dfrac{\partial x_2}{\partial y_1} & \dfrac{\partial x_2}{\partial y_1} \end{vmatrix} \quad (2.69)$$

在实际问题中,经常遇到随机变量和的问题。由上述确定二维随机变量函数分布的方法,可以导出确定随机变量和的分布的方法。

令随机变量 Y 是随机变量 X_1 与 X_2 的和,即 $Y = X_1 + X_2$,随机变量 X_1 与 X_2 的联合分布密度为 $f(x_1, x_2)$,由(2.68)式可以导出随机变量 Y 的分布密度为

$$f(y) = \int_{-\infty}^{\infty} f(x_1, y - x_1) \mathrm{d}x_1 \quad (2.70)$$

特别,当随机变量 X_1 与 X_2 相互独立时,因为 $f(x_1, x_2) = f_1(x_1) f_2(x_2)$,所以(2.70)式化为

$$f(y) = \int_{-\infty}^{\infty} f_1(x_1) f_2(y - x_1) \mathrm{d}x_1 \quad (2.71)$$

二维随机变量函数的分布容易推广到 N 维随机变量的情况。

若 $(X_1, X_2, \cdots, X_n) \sim f_X(x_1, x_2, \cdots, x_n)$,存在函数变换 $y_k = g_k(x_k)$,$k = 1, 2, \cdots, n$,并有反函数分别为:$x_k = h_k(y_k)$,$k = 1, 2, \cdots, n$,则

$$(Y_1, Y_2, \cdots, Y_n) \sim f_Y[y_1, y_2, \cdots, y_n] = |\boldsymbol{J}| f_X[h_1(y_1), h_2(y_2), \cdots, h_n(y_n)] \quad (2.72)$$

其中 Jacobi 行列式

$$J = \frac{\partial(x_1, x_2, \cdots, x_n)}{\partial(y_1, y_2, \cdots, y_n)} = \begin{vmatrix} \dfrac{\partial x_1}{\partial y_1} & \dfrac{\partial x_1}{\partial y_2} & \cdots & \dfrac{\partial x_1}{\partial y_n} \\ \dfrac{\partial x_2}{\partial y_1} & \dfrac{\partial x_2}{\partial y_2} & \cdots & \dfrac{\partial x_2}{\partial y_n} \\ \vdots & \vdots & \cdots & \vdots \\ \dfrac{\partial x_n}{\partial y_1} & \dfrac{\partial x_n}{\partial y_2} & \cdots & \dfrac{\partial x_n}{\partial y_n} \end{vmatrix} \qquad (2.73)$$

3. 多维随机变量的特征函数

n 维随机变量 $X = (X_1, X_2, \cdots, X_n)$ 的特征函数为:

$$\Phi_X(\omega) = E\left[\exp\left(j\sum_{k=1}^{n} \omega_k X_k \right) \right] \qquad (2.74)$$

2.1.7　极限理论

大数定律　　通常把一随机变量序列的算术平均(按某种意义)收敛于某数的定理称为大数定律。

设 $\{X_n\}$ 是随机变量序列，$E(X_n)$，$n>1$ 存在，令 $Y_n = \dfrac{1}{n}\sum_{k=1}^{n} X_k$，$\mu_n = \dfrac{1}{n}\sum_{k=1}^{n} E(X_k)$，若对 $\forall \varepsilon > 0$，有

$$\lim_{n\to\infty} P(|Y_n - \mu_n| \geqslant \varepsilon) = 0 \qquad (2.75)$$

或

$$\lim_{n\to\infty} P(|Y_n - \mu_n| < \varepsilon) = 1 \qquad (2.76)$$

则称 $\{X_n\}$ 服从大数定律，也称随机变量序列 $\{X_n\}$ 概率收敛。

Khinchin(辛钦)大数定理

设 $\{X_n\}$ 为一相互独立同分布的随机变量序列，且数学期望存在，$E(X_k) = \mu$，则对 $\forall \varepsilon > 0$，有

$$\lim_{n\to\infty} P\left(\left| \frac{1}{n}\sum_{k=1}^{n} X_k - \mu \right| < \varepsilon \right) = 1 \qquad (2.77)$$

上式称为 Khinchin(辛钦)大数定理，在应用中十分重要。

中心极限定理　　在实际中，有许多随机变量是大量相互独立随机因素的综合，其中每个因素的作用都不占优势，这种现象就是中心极限定理的客观背景。概率论中，中心极限定理是论证随机变量之和的极限分布为正态分布的定理的总称，也是大样本统计推断的理论基础。

Lindburg—Levy(林德伯格-列维)定理

设 $X_1, X_2, \cdots, X_n$ 为相互独立的随机序列,各有数学期望 μ 及方差 σ^2,则当 $n \rightarrow \infty$ 时,$X = \dfrac{X_1 + X_2 + \cdots + X_n - n\mu}{\sigma \sqrt{n}}$ 的分布趋于标准正态分布,即

$$\lim_{n \to \infty} P(X < x) = \frac{1}{\sqrt{2\pi}} \int_{-\infty}^{x} \mathrm{e}^{-\frac{t^2}{2}} \mathrm{d}t \tag{2.78}$$

即当 n 充分大时,随机变量 $X_1 + X_2 + \cdots + X_n$ 分布趋于 $N(n\mu, n\sigma^2)$,$X = \dfrac{X_1 + X_2 + \cdots + X_n - n\mu}{\sigma \sqrt{n}}$ 的分布趋于 $N(0,1)$。许多个相互独立、同分布的随机变量之和近似服从正态分布。该结论在数理统计的大样本理论中有着广泛的应用,同时也提供了计算独立同分布随机变量之和的近似概率的简便方法。

2.1.8　常见连续型随机变量的概率密度函数

1.均匀分布(Uniform Distribution)

密度函数:

$$f(x) = \begin{cases} \dfrac{1}{b-a}, & a \leqslant x \leqslant b \\ 0, & \text{其他} \end{cases} \tag{2.79}$$

分布函数:

$$F(x) = \begin{cases} 0, & x < a \\ \dfrac{x-a}{b-a}, & a \leqslant x \leqslant b \\ 1, & x > b \end{cases}$$

均匀分布记为 $X \sim U(a, b)$,其均值、方差分别为

$$\mu = \frac{a+b}{2}, \quad \sigma^2 = \frac{(b-a)^2}{12} \tag{2.80}$$

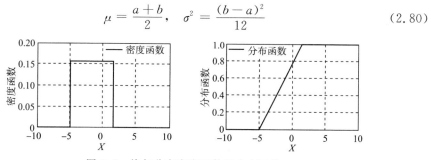

图 2.3　均匀分布密度函数和分布函数

2. 高斯分布（正态分布）（Gaussian distribution）

（1）一维分布

密度函数：

$$f(x) = \frac{1}{\sqrt{2\pi}\sigma}\exp\left[-\frac{(x-\mu)^2}{2\sigma^2}\right], \quad -\infty < x < \infty \tag{2.81}$$

分布函数：

$$F(x) = \frac{1}{\sqrt{2\pi}\sigma}\int_{-\infty}^{x}\exp\left[-\frac{(t-\mu)^2}{2\sigma^2}\right]\mathrm{d}t, \quad -\infty < x < \infty \tag{2.82}$$

特征函数：

$$\varPhi(\omega) = \exp\left(\mathrm{j}\mu\omega - \frac{\sigma^2\omega^2}{2}\right) \tag{2.83}$$

高斯分布记为 $X \sim N(\mu,\sigma^2)$。其均值、方差分别为 μ 和 σ^2。密度函数曲线关于 $x = \mu$ 对称，并以 x 轴为渐近线，在 $x = \mu$ 时取最大值 $\dfrac{1}{\sqrt{2\pi}\sigma}$。高斯分布是一个双参数分布，完全由其均值和方差决定，这是高斯分布的一个重要特征。

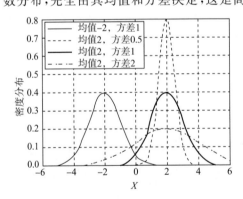 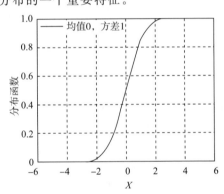

图 2.4　高斯分布密度函数和分布函数

（2）标准高斯分布

密度函数：

$$f(x) = \frac{1}{\sqrt{2\pi}}\exp\left[-\frac{x^2}{2}\right], \quad -\infty < x < \infty \tag{2.84}$$

分布函数：

$$F(x) = \frac{1}{\sqrt{2\pi}}\int_{-\infty}^{x}\exp\left[-\frac{t^2}{2}\right]\mathrm{d}t, \quad -\infty < x < \infty \tag{2.85}$$

特征函数：

$$\Phi(\omega) = \exp(-\frac{\omega^2}{2}) \tag{2.86}$$

求高斯分布的特征函数需要利用积分：

$$\int_{-\infty}^{\infty} \exp(-Ax^2 \pm 2Bx - C)\,\mathrm{d}x = \sqrt{\frac{\pi}{A}}\exp\left(-\frac{AC - B^2}{A}\right) \tag{2.87}$$

由特征函数的定义，标准高斯分布的特征函数为：

$$\Phi(\omega) = \int_{-\infty}^{\infty}\frac{1}{\sqrt{2\pi}\sigma}\exp\left[-\frac{x^2}{2\sigma^2}\right]\exp(\mathrm{j}\omega x)\,\mathrm{d}x = \frac{1}{\sqrt{2\pi}\sigma}\int_{-\infty}^{\infty}\exp\left[-\frac{x^2}{2\sigma^2} + \mathrm{j}\omega x\right]\mathrm{d}x$$

利用上述积分公式，取 $A = \frac{1}{2}$，$B = \frac{\mathrm{j}\omega}{2}$，$C = 0$，即可求得标准高斯分布的特征函数。

标准高斯分布记为 $X \sim N(0,1)$，均值 $\mu = 0$，方差 $\sigma^2 = 1$。

（3）高斯分布各阶矩

利用高斯分布特征函数可求得零均值高斯分布随机变量的各阶矩为：

$$E(X^k) = \begin{cases} 1 \times 3 \times 5 \times \cdots \times (k-1)\sigma^2, & k \geqslant 2 \text{ 的偶数} \\ 0, & k \text{ 为奇数} \end{cases} \tag{2.88}$$

高斯分布的各阶矩可以由前两个矩表示。高斯分布随机向量的分布函数仅依赖于其一阶矩和二阶矩，所以高斯过程的高阶矩可以由其一阶矩和二阶矩完全确定，对于零均值高斯过程则只由二阶矩确定。

（4）n 维高斯分布

密度函数：

$$f(\boldsymbol{x}) = \frac{1}{(2\pi)^{n/2}\,|\,C\,|^{1/2}}\exp\left[-\frac{1}{2}(\boldsymbol{x} - \boldsymbol{\mu})^T C^{-1}(\boldsymbol{x} - \boldsymbol{\mu})\right] \tag{2.89}$$

其中，n 维随机变量为 $\boldsymbol{X} = (X_1 \quad X_2 \quad \cdots \quad X_n)^T$，$X_i \sim N(\mu_i, \sigma_i^2)$，均值 $\mu_i = E(x_i)$，方差 $\sigma_i^2 = D(x_i)$，均值矢量为 $\boldsymbol{\mu} = (\mu_1 \quad \mu_2 \quad \cdots \quad \mu_n)^T$，协方差矩阵为

$$\boldsymbol{C} = \begin{bmatrix} C_{11} & C_{12} & \cdots & C_{1n} \\ C_{21} & C_{22} & \cdots & C_{2n} \\ \vdots & \vdots & \vdots & \vdots \\ C_{n1} & C_{n2} & \cdots & C_{nn} \end{bmatrix}, C_{ij} = \mathrm{Cov}(x_i, x_j) = r_{ij}\sigma_i\sigma_j, \tag{2.90}$$

特征函数：

$$f(\boldsymbol{v}) = \exp\left[\mathrm{j}\boldsymbol{\mu}^T\boldsymbol{v} - \frac{1}{2}\boldsymbol{v}^T C\boldsymbol{v}\right], \text{其中，} \boldsymbol{v} = (v_1 \quad v_2 \quad \cdots \quad v_n)^T \tag{2.91}$$

（5）n 维高斯分布的矩

若 $\boldsymbol{X} = (X_1, X_2, X_3, X_4)^T$ 服从联合高斯分布，且各分量的均值都为零，则有

$$E(X_1 X_2 X_3 X_4) = E(X_1 X_2)E(X_3 X_4) + E(X_1 X_3)E(X_2 X_4) + E(X_1 X_4)E(X_2 X_3) \tag{2.92}$$

(6)高斯分布随机变量的线性变化

设随机变量 Y 和随机变量 X 之间为线性关系, $Y = aX + b$, 若 X 为高斯分布 $f_X(x) = \dfrac{1}{\sqrt{2\pi}\sigma} \exp\left[-\dfrac{(x-\mu)^2}{2\sigma^2} \right]$, 则 Y 的分布密度函数为

$$f_Y(x) = \frac{1}{|a|\sqrt{2\pi}\sigma} \exp\left\{ -\frac{[x-(a\mu+b)]^2}{2\sigma^2} \right\} \tag{2.93}$$

高斯分布随机变量的线性变化依然是高斯分布。

定理:高斯分布随机变量间,独立与不相关等价

若 $(X,Y) \sim N(\mu_X, \sigma_X^2; \mu_Y, \sigma_Y^2)$, 则 X 与 Y 相互独立的充要条件是 X 与 Y 不相关。

定理:可加性

如果 $X_1, X_2, \cdots, X_n$ 是相互独立的高斯分布随机变量,且 $X_k \sim N(\mu_k, \sigma_k^2)$, $k = 1, 2, \cdots, n$, 则

$$\sum_{k=1}^{n} X_k \sim N(\mu, \sigma^2) \tag{2.94}$$

其中, $\mu = \displaystyle\sum_{k=1}^{n} \mu_k$, $\sigma^2 = \displaystyle\sum_{k=1}^{n} \sigma_k^2$ 。

更一般地,中心极限定理可以证明,大量相互独立随机变量和的极限分布是高斯分布。该结论十分重要。

高斯分布不但具有普遍性还具有特殊性。很多实际分布的极限分布呈高斯分布或趋于高斯分布,这是高斯分布的普遍性。很多统计处理在高斯分布下可以得到简化,这是高斯分布的特殊性。高斯分布的普遍性和特殊性使之成为研究的重点。

3. 瑞利分布(Rayleigh Distribution)

瑞利分布是一种常见的分布类型,常用于描述独立、多分量信号构成的包络的统计时变性,如平稳窄带高斯过程包络的一维分布就是瑞利分布。当一个二维随机向量的两个分量呈独立高斯分布并有着相同方差时,该二维随机向量的模呈瑞利分布。分布函数取决于一个尺度调节参数是瑞利分布的特点。

瑞利分布的概率密度函数为

$$f(x) = \begin{cases} \dfrac{x}{\sigma^2} \exp\left[-\dfrac{x^2}{2\sigma^2} \right] & , \quad x > 0 \\ 0 & , \quad x \leqslant 0 \end{cases} \tag{2.95}$$

其中, $\sigma > 0$ 为常数。根据分布函数与密度函数的关系,瑞利分布的分布函数为

$$F(x) = \begin{cases} 1 - \exp\left[\dfrac{x^2}{2\sigma^2}\right] & , \quad x > 0 \\[2mm] 0 & , \quad x \leqslant 0 \end{cases} \tag{2.96}$$

瑞利分布的密度函数和分布函数如图 2.5 所示。瑞利分布的期望和方差分别为

$$\mu = \sigma\sqrt{\frac{\pi}{2}}, \quad \text{Var}(x) = \frac{4-\pi}{2}\sigma^2 \tag{2.97}$$

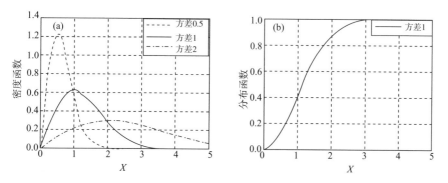

图 2.5 瑞利分布的密度函数(a)和分布函数(b)

4. χ^2 分布(chi-square distribution, χ^2 distribution)

"k 个相互独立的标准高斯分布随机变量的平方和"服从自由度为 k 的卡方分布,记为 $\chi^2(k)$。

若 $Z_1, Z_2, \cdots, Z_k$ 相互独立且 $Z_i \sim N(0,1)$,则

$$X = \sum_{i=1}^{k} Z_i^2 \sim \chi^2(k) \tag{2.98}$$

密度函数:

$$f(x) = \begin{cases} \dfrac{(1/2)^{k/2}}{\Gamma(k/2)} x^{\frac{k}{2}-1} \mathrm{e}^{-\frac{x}{2}} & , \quad x > 0 \\[3mm] 0 & , \quad x \leqslant 0 \end{cases} \tag{2.99}$$

特征函数:

$$\Phi(\omega) = (1 - 2\mathrm{j}\omega)^{-k/2} \tag{2.100}$$

其中,Γ 表示 Gamma 函数[①]。

自由度为 k 的卡方分布 $\chi^2(k)$,其均值为 k,方差为 $2k$。即卡方分布之数学期望

---

① $\Gamma(\alpha)$(Gamma 函数)是阶乘函数在实数与复数上的扩展。对于实数部分为正的复数,定义为 $\Gamma(\alpha) = \int_0^\infty t^{\alpha-1} \mathrm{e}^{-t} dt$,$\alpha > 0$。Gamma 函数性质:(1) $\Gamma(\alpha+1) = \alpha\Gamma(\alpha)$,$\alpha > 0$;(2) $\Gamma(1) = 1$;(3) $\Gamma(n) = (n-1)!$,n 为正整数。

等于自由度,方差等于 2 倍自由度。

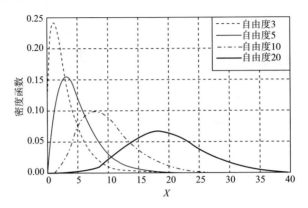

图 2.6 χ^2 分布密度函数

推论

若 $X \sim \chi^2(n)$,$Y \sim \chi^2(m)$,且 X 和 Y 相互独立,则

$$X + Y \sim \chi^2(n+m) \tag{2.101}$$

即两个相互独立的 χ^2 分布随机变量之和仍为 χ^2 分布,自由度等于两个 χ^2 分布的自由度之和。

2.2　随机过程

本节重点是随机过程的自相关函数,第3章讲述与自相关函数相对应的功率谱。通常意义的功率谱是指平稳过程的功率谱。定义功率谱将涉及二阶矩过程、增量过程、平稳过程及遍历性等概念。所以,本节内容分两个层面。第一层面是基本定义与概念,包括随机过程及其有限维分布函数族、二阶矩过程、增量过程、平稳过程及遍历性等,这些内容是定义功率谱的基础。第二层面重点介绍自相关函数。

2.2.1　定义与基本概念

1. 随机过程

设有概率空间 (Ω, F, P),$\mathbf{T}$ 为指标 t 的集合,若对每个 $t \in \mathbf{T}$,有定义在样本空间 Ω 上的随机变量 $X(t)$ 与之对应,则称随机变量族 $X = \{X(t), t \in \mathbf{T}\}$ 为一随机过程(简称过程)。

随机过程是关于指标集和样本空间的两变元函数。随机过程可以视为关于随机变量的函数,是随机变量随实参数 t 的变化,是一组依赖参数 t 的随机变量。当 t 固定时,随机过程退化为随机变量。

这里,随机过程完整记为 $X = \{X(t, \omega), t \in \mathbf{T}, \omega \in \Omega\}$,简记为 $X = \{X(t), t \in \mathbf{T}\}$ 或 $X(t)$。

$X = \{X(t), t \in \mathbf{T}\}$ 中,根据指标集 $\mathbf{T}$ 代表的意义及取值的不同,一般对 X 的称谓有所不同。指标集 $\mathbf{T}$ 可以代表时间也可以代表空间。如果代表时间,称为随机过程;如果代表空间,称为随机场。指标集 $\mathbf{T}$ 大多是实数集 $\mathbf{R} = (-\infty, \infty)$ 的子集。如果指标集 $\mathbf{T}$ 为整数集 $\mathbf{N}$,则称为随机序列,简记为 X_n。如果指标集 $\mathbf{T}$ 为整数集且代表时间,则称为时间序列。如果指标集 $\mathbf{T}$ 只包含有限个元素,则称为随机矢量,记为 $X = (X_1, X_2, \cdots X_n)$。

2. 有限维分布函数族

(1)定义

设有随机过程 $X = \{X(t), t \in \mathbf{T}\}$,对任意的 $t_1, t_2, \cdots, t_n \in \mathbf{T}$,$n$ 个随机变量 $X(t_1), X(t_2), \cdots, X(t_n)$ 的联合概率分布:

$$F(x_1, x_2, \cdots, x_n; t_1, t_2, \cdots, t_n) = P[X(t_1) \leqslant x_1, X(t_2) \leqslant x_2, \cdots, X(t_n) \leqslant x_n]$$
$$(2.102)$$

称为过程 X 的 n 维分布函数,用以描述过程在任意 n 个时刻的统计规律。

变动指标参量得到不同的 n 维分布函数。n 维分布函数的全体：

$$\{F(x_1,x_2,\cdots,x_n;t_1,t_2,\cdots,t_n),t_1,t_2,\cdots,t_n\in \mathbf{T},n\geqslant 1\} \qquad (2.103)$$

称为过程 X 的 n 维分布函数族。

随机过程的全部统计特征由其 n 维分布函数族完整描述。其中，一维分布函数 $F(x_1;t_1)$ 描述过程在某一时刻的分布。二维分布函数 $F(x_1,x_2;t_1,t_2)$ 描述过程在两个不同时刻的分布。二维分布函数比一维分布函数包括更多的信息，一维分布函数可视为二维分布函数的边沿分布。因为二维分布函数反映两个不同时刻的分布情况，所以二维分布函数能够反映过程的相关情况。

如果 n 维分布函数可导，则定义

$$f(x_1,x_2,\cdots,x_n;t_1,t_2,\cdots,t_n)=\frac{\partial^n}{\partial x_1\partial x_2\cdots\partial x_n}F(x_1,x_2,\cdots,x_n;t_1,t_2,\cdots,t_n)$$

$$(2.104)$$

称为过程 X 的 n 维分布密度函数。

(2)Kolmogorov(科尔莫戈罗夫)有限维分布函数族存在定理

对称性　　对于 $t_1,t_2,\cdots,t_n$ 的任意排列 $\{t_{i_1},t_{i_2},\cdots,t_{i_n}\}$，若

$$F(x_{i_1},x_{i_2},\cdots,x_{i_n};t_{i_1},t_{i_2},\cdots,t_{i_n})=F(x_1,x_2,\cdots,x_n;t_1,t_2,\cdots,t_n) \quad (2.105)$$

则称有限维分布函数族具有对称性。

相容性　　若随机过程的 m 维分布函数与 n 维分布函数之间存在关系：

$$F_m(x_1,x_2,\cdots,x_m;t_1,t_2,\cdots,t_m)$$
$$=F_n(x_1,x_2,\cdots,x_n,\cdots,\infty;t_1,t_2,\cdots,t_m,\cdots,t_n),\ m<n \qquad (2.106)$$

则称有限维分布函数族具有相容性，即高维分布可推出低维分布，反之不一定。

存在定理　　若给定的分布函数族 $F=\{F(x_1,x_2,\cdots,x_n;t_1,t_2,\cdots,t_n):\forall n\geqslant 1,t_1,t_2,\cdots,t_n\in \mathbf{T}\}$ 满足对称性和相容性条件，则必存在概率空间及定义于其上的随机过程，使 $\{X(t),t\in \mathbf{T}\}$ 的有限维分布函数族与上述给定的分布函数族重合。简而言之，若 F 满足对称性和相容性，则 F 必为某个随机过程的有限维分布族。

Kolmogorov 有限维分布函数族存在定理不仅指出了分布函数族与随机过程的依存关系，同时也指出了分布函数族的基本性质。

3. 复过程

若 $X(t)$ 和 $Y(t)$ 均为实过程，那么，

$$Z(t)=X(t)+jY(t) \qquad (2.107)$$

称为复过程。复过程的统计特性由两个实过程的联合概率密度描述。

4. 随机过程数字特征函数

有限维分布函数完整地描述随机过程的统计特征。但在实际应用中，更多情况

需要通过数字特征刻画过程的统计特征。因为随机过程是随机变量随时间的演变，所以随机过程的数字特征不再是数值，而是关于时间变量的函数。

随机过程的数字特征可以分两类。第一类是由一维分布函数定义的数字特征，是关于某一时间点随机变量的针对样本空间的集合平均。这类数字特征无异于随机变量的数字特征，只是增加了时间变量，成为关于时间变量的函数。这类数字特征可以称为随机过程的矩函数。第二类是由多维分布函数定义的数字特征，其中由二维分布函数定义的自相关函数最为重要，它描述了两个不同时刻随机过程相应随机变量之间的线性相关结构，成为随机过程研究的重要工具。第二类数字特征可视为随机过程的混合矩函数。

随机过程的矩函数

类似随机变量矩的定义，随机过程 $X = \{X(t), t \in \mathbf{T}\}$ 的 k 阶原点矩函数和 k 阶中心矩函数分别定义为

$$m_k(t) = E[X^k(t)] = \int_{-\infty}^{\infty} x^k f(x,t) \mathrm{d}x \tag{2.108}$$

$$c_k(t) = E[(X(t) - m_1(t))^k] \tag{2.109}$$

其中，$f(x,t)$ 是随机过程 X 的一维概率密度函数。$E[X^k(t)]$ 是随机过程 X 的所有样本函数在时刻 t 的函数值的平均。$E[X^k(t)]$ 也可以理解为随机过程 X 在时刻 t 对应的随机变量 $X(t)$ 的所有样本的平均。

随机过程 X 的数学期望函数、均方值函数和方差函数分别为

$$m_1(t) = E[X(t)] = \int_{-\infty}^{\infty} x(t) f(x,t) \mathrm{d}x \tag{2.110}$$

$$m_2(t) = E[X^2(t)] = \int_{-\infty}^{\infty} x^2(t) f(x,t) \mathrm{d}x \tag{2.111}$$

$$c_2(t) = E[(X(t) - m_1(t))^2] \tag{2.112}$$

对于复过程 $Z(t)$，其均值函数和方差函数分别为

$$E[Z(t)] = E[X(t) + \mathrm{j}Y(t)] = E[X(t)] + \mathrm{j}E[Y(t)] = m_X(t) + \mathrm{j}m_Y(t) \tag{2.113}$$

$$D[Z(t)] = E[|Z(t) - m_Z(t)|^2] = E[(Z(t) - m_Z(t))^*(Z(t) - m_Z(t))]$$
$$= D[X(t)] + D[Y(t)] \tag{2.114}$$

其中，$(Z(t) - m_Z(t))^*$ 是 $Z(t) - m_Z(t)$ 的复共轭。注意：复过程的均值是复函数，方差是实函数。

自相关函数

设有随机过程 $X = \{X(t), t \in \mathbf{T}\}$，$X(t_1)$ 和 $X(t_2)$ 是 X 在任意两个时刻 t_1 和 t_2 的随机变量，$f(x_1, x_2; t_1, t_2)$ 是 X 的二维分布密度函数，随机过程 X 的自相关函数定义为

$$r(t_1, t_2) = E[X(t_1)X(t_2)] = \int_{-\infty}^{\infty}\int_{-\infty}^{\infty} x_1(t_1)x_2(t_2)f(x_1, x_2; t_1, t_2)\mathrm{d}x_1\mathrm{d}x_2$$

$$(2.115)$$

对于复过程 $Z(t)$，其自相关函数定义为

$$r(t_1, t_2) = E[Z(t_1)Z^*(t_2)] \qquad (2.116)$$

其中，$Z^*(t_2)$ 是 $Z(t_2)$ 的复共轭。注意：复过程的自相关函数是复函数。

自协方差函数

设有随机过程 $X = \{X(t), t \in \mathbf{T}\}$，$X(t_1)$ 和 $X(t_2)$ 是 X 在任意两个时刻 t_1 和 t_2 的随机变量，随机过程 X 的自协方差函数定义为

$$c(t_1, t_2) = E([X(t_1) - EX(t_1)][X(t_2) - EX(t_2)]) \qquad (2.117)$$

对于复过程 $Z(t)$，则自协方差函数定义为

$$c(t_1, t_2) = E([Z(t_1) - EZ(t_1)][Z(t_2) - EZ(t_2)]^*) \qquad (2.118)$$

自协方差函数和自相关函数都属于随机过程的二阶矩函数，自协方差函数是二阶中心矩函数，自相关函数是二阶原点矩函数。因为 $c(t_1, t_2) = r(t_1, t_2) - E[X(t_1)]E[X(t_2)]$，所以若 $EX(t_1) = EX(t_2) = 0$，则 $c(t_1, t_2) = r(t_1, t_2)$。即对于零均值过程，自协方差函数与自相关函数等价，两者没有本质区别。

互协方差函数和互相关函数

自协方差函数和自相关函数反映同一随机过程两不同时刻之间的相关性。当考虑不同随机过程之间的相关性时，有互协方差函数和互相关函数。设有随机过程 $X(t)$ 和 $Y(t)$，它们的互协方差函数和互相关函数分别定义为

$$c_{XY}(t_1, t_2) = E([X(t_1) - EX(t_1)][Y(t_2) - EY(t_2)]) \qquad (2.119)$$

$$r_{XY}(t_1, t_2) = E[X(t_1)Y(t_2)] \qquad (2.120)$$

在给出随机过程、有限维分布函数族和自相关函数定义之后，下面给出几个重要随机过程类型的定义，依次是二阶矩过程，增量过程、平稳过程和各态遍历过程。通常所说的功率谱是指平稳过程的功率谱，而平稳过程属于二阶矩过程，而二阶矩过程的谱过程被视为正交增量过程。另外，在功率谱估计时一般都需要各态遍历性的支持。

2.2.2　二阶矩过程

实际遇到的随机过程大多属于二阶矩过程（second-order processe）。二阶矩过程是二阶矩有限的随机过程，其主要特性可以通过二阶矩的性质体现。二阶矩过程

已经被深入研究,并且建立了系统的时域、频域理论。平稳过程、高斯过程、增量过程是二阶矩过程三个重要分支。

1. 定义

若随机过程 $X=\{X(t),t\in \mathbf{T}\}$,对于 $\forall t\in \mathbf{T}$,均有 $E[X^2(t)]<\infty$,则称 X 为二阶矩过程。

2. 性质

二阶矩过程必然存在均值函数和自相关函数。

证 设 $Z(t)$ 为复二阶矩过程 $Z(t)=X(t)+\mathrm{j}Y(t)$,$E[\,|\,Z(t)\,|^2\,]<\infty$,由 Cauchy-Schwarz 不等式 $|E[X(s)X^*(t)]|^2\leqslant|E[X(s)]|^2\,|E[X(t)]|^2$ 有

$$E[\,|\,X(t)\,|\,]\leqslant E(\sqrt{X^2(t)+Y^2(t)})\leqslant \sqrt{E[\,|\,Z(t)\,|^2\,]}$$

$$E[\,|\,Y(t)\,|\,]\leqslant E(\sqrt{X^2(t)+Y^2(t)})\leqslant \sqrt{E[\,|\,Z(t)\,|^2\,]}$$

故 $E[X(t)]$ 和 $E[Y(t)]$ 均存在,从而 $E[Z(t)]$ 亦存在。

因为 $|E[Z(s)Z^*(t)]|^2\leqslant E[\,|\,Z(s)\,|^2\,|\,Z(t)\,|^2\,]$,因此二阶矩过程自相关函数 $r(s,t)$ 也必然存在。

3. 存在定理

设 $\mathbf{T}$ 为实参数集,若 $r(s,t)$ 是定义在 $\mathbf{T}$ 上的二元非负函数,则必存在一个以 $r(s,t)$ 为相关函数的二阶矩过程 $X(t)$。

4. 二阶矩过程自相关函数基本性质

非负定性、对称性和对加法和乘法的封闭性是自相关函数的基本性质。其中,非负定性是自相关函数标志性性质。

(1)非负定性

如果一元函数 $g(t)$,对于 $\forall n$,$\forall t_1,t_2,\cdots,t_n\in \mathbf{R}$,$\forall z_1,z_2,\cdots,z_n\in C$,满足:

$$\sum_{k=1}^{n}\sum_{m=1}^{n}g(t)z_kz_m^*\geqslant 0 \tag{2.121}$$

则称一元函数 $g(t)$ 是非负定的。

如果二元函数 $g(t,s)$,对于 $\forall n$,$\forall t_1,t_2,\cdots,t_n\in \mathbf{R}$,$\forall z_1,z_2,\cdots,z_n\in C$,满足:

$$\sum_{k=1}^{n}\sum_{m=1}^{n}g(t,s)z_kz_m^*\geqslant 0 \tag{2.122}$$

则称二元函数 $g(t,s)$ 是非负定的。

对于二阶矩过程 $\{Z(t),t\in T\}$ 的自相关函数 $r(t,s)$ 有

$$\sum_{k=1}^{n}\sum_{m=1}^{n}r(t,s)a_k a_m^* = \sum_{k=1}^{n}\sum_{m=1}^{n}E(z(t)z^*(t))a_k a_m^*$$

$$= E\sum_{k=1}^{n}\sum_{m=1}^{n}z(t)z^*(t)a_k a_m^* = E\sum_{k=1}^{n}\sum_{m=1}^{n}\mid z(t)a_k\mid^2 \geqslant 0 \qquad (2.123)$$

所以 $r(t,s)$ 非负定。

非负定性是自相关函数最本质的属性。理论可以证明：任意一连续二元函数，只要它是非负定的，那么它必是某二阶矩过程的自相关函数。任意一连续一元函数，只要它是非负定的，那么它必是某平稳过程的自相关函数。

（2）对称性

实二阶矩过程的自相关函数具有对称性：

$$r(s,t) = r(t,s) \qquad (2.124)$$

复二阶矩过程的自相关函数具有共轭对称性：

$$r(s,t) = r^*(t,s) \qquad (2.125)$$

上标" $*$ "表述复共轭。复二阶矩过程的自相关函数是 Hermite（埃尔米特）函数。在数学分析中，Hermite 函数是当一个函数的共轭复数与将原函数的变量变号后的值相等的函数。

二阶矩过程自相关函数的共轭对称性（埃尔米特性）可以推广到 n 维随机向量。实 n 维随机向量 $X = (X_1, X_2, \cdots, X_n)^T$ 的自相关函数阵 $r_{XX} = E(XX^T)$ 是对称矩阵。复 n 维随机向量 $X = (X_1, X_2, \cdots, X_n)^T$ 的自相关函数阵 $r_{XX} = E(XX^T)$ 是 Hermitian 矩阵。

（3）对加法和乘法的封闭性

若 $r_X(s,t)$、$r_Y(t,s)$ 分别是二阶矩过程 X、Y 的自相关函数，则

$r(s,t) = \alpha r_X(s,t) + \beta r_Y(s,t)$，$\alpha > 0, \beta > 0$，仍然是某随机过程的自相关函数。

$r(s,t) = r_X(s,t)r_Y(s,t)$ 是 $Z(t) = X(t)Y(t)$ 的自相关函数。

2.2.3 增量过程

增量过程是二阶矩过程的分支。正交增量过程是很普遍的随机过程，如随机游走、Brown（布朗）运动等都属于正交增量过程。正交增量过程在功率谱理论中位置重要。平稳随机过程的谱表达是正交增量过程，功率谱概念由此引出。

设有随机过程 $\{X(t),t\in \mathbf{T}\}$，及任意一组 $t_1 < t_2 \cdots t_n \in \mathbf{T}$，

$$X(t_2) - X(t_1), X(t_3) - X(t_2), \cdots, X(t_n) - X(t_{n-1})$$

称为随机过程 X(t) 的增量。

正交增量过程

若二阶矩过程 $\{X(t),t\in \mathbf{T}\}$，对于任意一组 $t_1 < t_2 \leqslant t_3 < t_4 \in \mathbf{T}$，均有

$$E[X(t_2) - X(t_1)][X(t_3) - X(t_2)] = 0$$

则称 $X(t)$ 为正交增量随机过程。

正交增量过程的自相关函数　　随机过程 $X(t), t \in [0, \infty)$,且 $X(0) = 0$,为正交增量过程的充要条件是其自相关函数满足

$$r(s, t) = F(\min(s, t)) \tag{2.126}$$

其中,$\min(s, t)$ 表示取 s 和 t 中的小者,$F(\cdot)$ 是单调不减函数。增量过程的自相关函数的特殊性在于它是单调不减函数。

独立增量过程

随机过程 $\{X(t), t \in \mathbf{T}\}$,若对于任意一组 $t_1 < t_2 \cdots < t_n \in \mathbf{T}$,随机过程 $X(t)$ 的增量:$X(t_2) - X(t_1), X(t_3) - X(t_2), \cdots, X(t_n) - X(t_{n-1})$ 相互独立,则称 $X(t)$ 是具有独立增量的随机过程。

独立增量过程的有限维分布函数由其一维分布函数和增量过程分布函数确定。

显然,如果 $X(t)$ 是零均值独立增量过程,那么 $X(t)$ 也是正交增量过程。

2.2.4　平稳过程

平稳过程(Stationary process)是统计特性不随时间的推移而变化的随机过程。平稳过程有严平稳和宽平稳的区分,一般讲平稳过程是指宽平稳过程。平稳过程的基本理论在 20 世纪 30 到 40 年代建立和发展起来的,并已相当完善。通常意义下的功率谱是针对平稳过程定义的,将傅里叶分析方法应用于平稳过程,这就产生了过程的谱分解表达,它是平稳过程理论的一个基本结果。

严平稳过程　　设有随机过程 $X(t)$,对任何正整数 n、任何实数 $t_1, t_2, \cdots, t_n$ 和 τ,若

$$F_n(x_1, x_2, \cdots, x_n, t_1, t_2, \cdots, t_n) = F_n(x_1, x_2, \cdots, x_n, t_1 + \tau, t_2 + \tau, \cdots, t_n + \tau) \tag{2.127}$$

则称 $X(t)$ 为严平稳随机过程。即严平稳要求任意有限维分布函数不随时间平移变化。

若 $X(t)$ 的概率密度函数存在,则严平稳条件等价于

$$f_n(x_1, x_2, \cdots, x_n, t_1, t_2, \cdots, t_n) = f_n(x_1, x_2, \cdots, x_n, t_1 + \tau, t_2 + \tau, \cdots, t_n + \tau) \tag{2.128}$$

宽平稳过程　　若随机过程 $X(t)$,满足 $E[x^2(t)] < \infty$,$E[x(t)] = \mu$(μ 为常数),$E[(x(s) - \mu)(x(t) - \mu)] = r(t - s)$,则称 $X(t)$ 是宽平稳过程(Wide-sense stationary,WSS)。

平稳过程一般是指宽平稳,宽平稳也称为广义平稳或称为协方差平稳。由平稳过程的定义可以看出:平稳过程属于二阶矩过程。

平稳过程有如下结论:

$$f_1(x,t) = f_1(x) \tag{2.129}$$

$$f_2(x_1,x_2,t_1,t_2) = f_2(x_1,x_2,t_1 - t_2) = f_2(x_1,x_2,\tau) \tag{2.130}$$

即平稳过程的一维概率密度与时间无关,二维概率密度仅与时间间隔有关,与时间起点无关,进而可以导出:

$$E[X(t)] = \int_{-\infty}^{\infty} x f_1(x) \mathrm{d}x = \mu, \quad \mu \text{ 为常数} \tag{2.131}$$

$$D[X(t)] = D[(X(t) - \mu)^2] = \int_{-\infty}^{\infty} (x - \mu)^2 f_1(x) \mathrm{d}x = \sigma^2 \tag{2.132}$$

$$E[X(t_1)X(t_2)] = E[X(t_1)X(t_1 + \tau)] = r(\tau) \tag{2.133}$$

平稳过程的一阶矩和二阶矩等于常数,二阶矩中的自相关函数是时间的一元函数,仅和时间差有关,与时间起点无关。

严平稳过程和(宽)平稳过程的区别与联系　　严平稳过程的概率分布随时间平移不变,宽平稳过程的自协方差随时间平移不变。宽平稳过程各随机变量的均值为常数,且任意两个变量的协方差仅与时间间隔有关,而与时间起点无关。

严平稳过程不一定是宽平稳过程;宽平稳过程也不一定是严平稳过程。区分严平稳和宽平稳,关键是看二阶矩是否存在。若严平稳过程具有"有穷"的二阶矩,那么也必为宽平稳过程。

若过程为高斯过程(任何有限维分布都是高斯分布),那么该过程为严平稳过程和宽平稳过程是相互等价的。

在实际中,严平稳过程的条件很难满足,我们研究的通常是宽平稳过程。在以后讨论中,若不作特别说明,平稳过程均指宽平稳过程。

平稳过程自相关函数基本性质

因为平稳过程是二阶矩过程的分支,故平稳过程自相关函数具有二阶矩过程自相关函数的基本性质。但因二阶矩过程自相关函数是二元函数,平稳过程自相关函数是一元函数,所以平稳过程自相关函数具有特殊性。因为平稳过程的重要,现将其自相关函数基本性质总结如下:

(1)平稳过程的自相关函数 $r(\tau)$ 是非负定的

即对于 $\forall n$,$\forall t_1, t_2, \cdots, t_n \in \mathbf{R}$,$\forall z_1, z_2, \cdots, z_n \in C$,$r(\tau)$ 满足:

$$\sum_{k=1}^{n} \sum_{m=1}^{n} r(\tau) z_k z_m^* \geqslant 0 \tag{2.134}$$

(2)平稳过程的自相关函数 $r(\tau)$ 是偶函数

即 $r(\tau)$ 满足:

$$r(-\tau) = r(\tau) \tag{2.135}$$

因为平稳过程具有时间平移性,所以平稳过程的自相关函数 $r(\tau)$ 是偶函数,关于

$\tau = 0$ 对称。实际计算时只需计算 $\tau \geqslant 0$ 的值。

复平稳过程的自相关函数是 Hermite(埃尔米特)函数。

$$r(-\tau) = r^*(\tau) \tag{2.136}$$

上标" $*$ "表述复共轭。

(3) $r(\tau)$ 在 $(-\infty, \infty)$ 连续的充要条件是 $r(\tau)$ 在 $\tau = 0$ 处连续。

即自相关函数只要在 $\tau = 0$ 处连续，则处处连续。该性质是自相关函数特有的重要性质，对于一般连续函数不具备这样的性质。

(4)平稳过程的自相关函数 $r(\tau)$ 在原点 $\tau = 0$ 取最大值

$$r(0) \geqslant |r(\tau)|, \forall \tau \tag{2.137}$$

因为 $E[(X(t) \pm X(t+\tau))^2] \geqslant 0$，即 $E[X^2(t) \pm 2X(t)X(t+\tau) + X^2(t+\tau)] \geqslant 0$，对于平稳过程，有 $E[X^2(t)] = E\{X^2(t+\tau)\} = r(0)$，则 $2r(0) \pm 2r(\tau) \geqslant 0$，所以 $r(0) \geqslant |r(\tau)|$。

平稳过程的自相关函数 $r(\tau)$ 在 $\tau = 0$ 点取最大值，且 $r(0) \geqslant 0$。$r(0)$ 的数学意义是过程的均方值 $r(0) = E[x^2(t)] \geqslant 0$，物理意义是过程的平均功率。对于随机序列的自相关函数亦有此结论。该结论可直接由柯西－施瓦茨不等式得到。

(5)如果过程中不含周期成分，那么

$$r(\infty) = (E[x(t)])^2 \tag{2.138}$$

因为当 $\tau \to \infty$ 时，$x(t)$ 和 $x(t+\tau)$ 相互独立，所以有

$$\lim_{|\tau| \to \infty} r(\tau) = \lim_{|\tau| \to \infty} (E[x(t)x(t+\tau)]) = \lim_{|\tau| \to \infty} (E[x(t)]E[x(t+\tau)]) = (E[x(t)])^2$$

即 $r(\infty) = (E[x(t)])^2$。$r(\infty)$ 数学意义是过程的均值的平方，物理意义是过程的直流功率。

如果过程中不含周期成分也不含常数，那么因为零均值过程 $E[x(t)] = 0$，所以 $r(\infty) = 0$。

(6)实平稳过程的自相关函数为实函数

因为 $|r(\tau)| \leqslant r(0)$，而 $r(0) = \sigma^2 + \mu^2$，$r(\infty) = (E[x(t)])^2 = \mu^2$，所以对于实平稳过程，有 $\mu^2 - \sigma^2 \leqslant r(\tau) \leqslant \sigma^2 + \mu^2$，即实平稳过程的自相关函数为实函数。

(7)周期平稳过程的自相关函数是周期函数

若平稳过程 $X(t)$ 满足，$X(t) = X(t+T)$，则称 $X(t)$ 为周期平稳过程。其中，T 为过程的周期。周期平稳过程的自相关函数是与过程具有相同周期的周期函数。

如果存在 $\tau_1 \neq 0$ 使得 $r(\tau_1) = r(0)$，则 $r(\tau)$ 是以 τ_1 为周期的周期函数。

最简单的周期平稳过程是余弦波过程：

$$X(t) = A\cos(\omega_0 t + \varphi) \tag{2.139}$$

其中，A 和 ω_0 为常数，φ 为均匀分布随机变量。通过一阶矩和二阶矩为常数，可以证明余弦波过程是平稳过程。

余弦波过程的自相关函数是与过程同周期的周期函数：

$$r(\tau) = \frac{A^2}{2}\cos(\omega_0\tau) \qquad (2.140)$$

（8）白噪声过程及其自相关函数

一个时间连续随机过程 $W(t)$，$t \in \mathbf{R}$，为一个白噪声过程当且仅当它的均值函数与自相关函数满足以下条件：

$$\mu = E[X(t)] = 0 \qquad (2.141)$$

$$r(\tau) = E[X(t)X(t-\tau)] = \delta(\tau) \qquad (2.142)$$

即白噪声过程是均值为零、自相关函数为狄拉克 δ 函数的随机过程。白噪声过程是按频域特性命名的。白噪声过程的功率谱为常数，各个频点的功率密度都相同，所以称为白噪声过程。白噪声是一种理想模型，具有无限带宽和无限能量。在现实中，我们常将有限带宽内功率谱平整的信号视为白噪声，以方便进行数学分析。

2.2.5 各态遍历性过程

"各态遍历"的含义是：随机过程的任一样本函数经历了随机过程的所有可能状态。具有各态遍历性的随机过程，其统计平均等价于任一样本函数的时间平均。遍历性的应用意义在于：实际问题中，一般无法获取样本空间的全部样本，比较容易获取的是过程的样本函数，如果过程是各态遍历的，那么针对样本空间的各种统计平均就可以用针对样本函数的时间平均替代。

各态遍历性与平稳性密切相关，各态遍历性的过程必定是平稳过程，但平稳过程不一定是各态遍历的。

均值遍历过程   设有随机过程 $X(t)$，$x(t)$ 是 $X(t)$ 的样本函数，期望为 $E[X(t)]$，其样本函数的时间平均为 $\overline{x(t)} = \lim\limits_{T\to\infty}\frac{1}{T}\int_{-T/2}^{T/2}x(t)\mathrm{d}t$，若 $P(\overline{x(t)} = E[X(t)]) = 1$，则称 $X(t)$ 为均值遍历过程。即若随机过程的样本函数的时间平均以概率为 1 的方式等于样本函数的空间平均，则随机过程是均值遍历过程。

自相关遍历过程   设有平稳随机过程 $X(t)$，$x(t)$ 是 $X(t)$ 的样本函数，自相关函数为 $r(\tau) = E[x(t)x(t+\tau)]$，由 $x(t)$ 通过样本时间平均估计的自相关函数为

$$\overline{r(\tau)} = \lim_{T\to\infty}\frac{1}{T}\int_{-T/2}^{T/2}x(t)x(t+\tau)\mathrm{d}t \qquad (2.143)$$

若 $P(\overline{r(\tau)} = r(\tau)) = 1$，则称 $X(t)$ 为自相关遍历过程。

广义遍历过程与严遍历过程   若过程 $X(t)$ 既是均值遍历过程也是自相关遍历过程，则 $X(t)$ 是广义遍历过程。若过程的所有统计平均与相应的时间平均以概率

为 1 的方式相等,则 $X(t)$ 是严遍历过程。遍历过程一般指广义(宽)遍历过程。

各态遍历性过程的判定　　判定一个过程是否是各态遍历性过程,需要证明可以用时间平均替代针对样本空间的统计平均。例如,随机相位余弦波过程 $X(t) = a\cos(\omega t + \theta)$,因为,

$$\overline{X(t)} = \lim_{T\to\infty} \frac{1}{2T}\int_{-T}^{T} a\cos(\omega t + \theta)\mathrm{d}t = \lim_{T\to\infty}\frac{a\cos\theta\sin\omega T}{\omega T} = 0 = E[X(t)]$$

$$\overline{X(t)X(t+\tau)} = \lim_{T\to\infty}\frac{1}{2T}\int_{-T}^{T} a^2\cos(\omega t + \theta)\cos(\omega(t+\tau)+\theta)\mathrm{d}t = \frac{a^2}{2}\cos\omega\tau$$
$$= E[X(t)X(t+\tau)]$$

所以,随机相位余弦波过程是各态遍历性过程。

前面定义了几类随机过程,下面对这几类过程的自相关函数进行概要总结。

二阶矩过程的自相关函数为二元函数: $r(s,t) = E[X(s)X(t)]$。平稳过程的自相关函数是一元函数: $r(\tau) = E[X(t)X(t+\tau)]$。正交增量过程的自相关函数为: $r(s,t) = F(\min(s,t))$。增量过程的自相关函数的特殊性在于它是单调不减函数。$r(s,t) = F(\min(s,t))$ 也是正交增量过程的充要条件。各态遍历过程的自相关函数可用时间平均计算: $r(\tau) = \lim_{T\to\infty}\frac{1}{T}\int_{0}^{T} x(t)x(t+\tau)\mathrm{d}t$ 。

第3章 功率谱

建立完整、准确的功率谱概念是本章的核心。本章包括两节。3.1节从不同角度给出功率谱的定义，以期建立完整的功率谱概念。3.2节给出功率谱"谱矩"的概念并将自相关函数做"谱矩"展开，进一步阐述功率谱和自相关函数之间的关系。特别需要说明，本书中功率谱和功率分布密度函数表述的是同一概念。

3.1 功率谱

可以从不同的角度定义功率谱。本节分别从"过程有限长样本函数的平均功率"和"过程自相关函数的谱表达"以及功率谱和自相关函数之间的关系，三个不同的角度给出功率谱的定义，由过程样本函数平均功率给出的功率谱定义物理意义明确。由过程自相关函数给出的定义则是功率谱最普遍的定义方式，揭示了功率谱与自相关函数的关系。由随机过程谱表达给出的定义则是功率谱最本质的定义。

3.1.1 随机过程的平均功率

依据 Parseval 定理，可以由过程有限长样本函数的平均功率给出功率谱的定义。这种定义方法物理意义明确，并指明了由过程样本函数计算过程功率谱应有的步骤，它是经典功率谱估计的理论基础。其中，要注意过程功率谱和过程样本函数功率谱之间的区别与联系。过程的功率谱是确定函数，过程样本函数的功率谱是随机函数。

1. 确定性函数的频谱和能量谱

在傅里叶变换一节我们已经谈到：绝对可积的确定函数可以通过傅里叶变换进行频域分析。其中，周期函数展开成傅里叶级数，非周期函数展开成傅里叶积分。周期函数对应离散的幅度频谱，物理意义是幅度随频率的分布。非周期函数对应连续的"幅度密度"频谱，物理意义是"幅度密度"随频率的分布。"幅度密度"是指单位频率上的幅度。通常不区分幅度频谱和幅度密度频谱,笼统地称为频谱,其实两者的意义不同。

如果确定函数不但绝对可积,而且平方可积(即能量有限),那么函数不但存在(幅度)频谱还存在能量频谱。同样,周期函数对应离散的能量频谱,物理意义是能量随频率的分布。非周期函数对应连续的能量密度频谱,物理意义是能量密度(单位频率上的能量)随频率的分布。通常也不区分能量谱和能量密度谱,统称能量谱。

2. 随机过程的平均功率

随机过程没有频谱和能量谱。

确定性函数可以存在频谱或能量谱,并由傅里叶变换得到。但是,随机过程不满足傅里叶变换条件,既没有频谱也没有能量谱。设有平稳过程 $X(t)$, $x(t)$ 为其样本函数。因为 $x(t)(-\infty<t<\infty)$ 时间无限, $\int_{-\infty}^{\infty}|x(t)|\,\mathrm{d}t=\infty$, $\int_{-\infty}^{\infty}x^2(t)\mathrm{d}t=\infty$,傅里叶变换不存在,所以 $X(t)$ 没有频谱也没有能量谱。

因为随机过程的样本函数时间无限,所以对随机过程的研究常取随机过程样本函数的截取函数,通过对截取函数取极限的办法实现对样本函数的研究。定义 $x_T(t)$ 为样本函数 $x(t)$ 的截取函数:

$$x_T(t)=\begin{cases}x(t), & |t|<T/2\\0, & |t|\geqslant T/2\end{cases} \tag{3.1}$$

$$x(t)=\lim_{T\to\infty}x_T(t) \tag{3.2}$$

其中, T 为截取区间长度。截取区间趋于无穷,由截取函数得到样本函数。

随机过程可以存在功率谱。

当样本函数 $x(t)$ 为有限值时,显然其截取函数 $x_T(t)$ 可以满足绝对可积条件, $x_T(t)$ 的傅里叶变换存在。如果 $x_T(t)$ 绝对可积且平方可积,那么 $x_T(t)$ 满足 Parseval 定理。将 $x_T(t)$ 应用于 Parseval 定理,两边同除 T ,并令 $T\to\infty$,得

$$\lim_{T\to\infty}\frac{1}{T}\int_{-\infty}^{\infty}x_T^2(t)\mathrm{d}t=\lim_{T\to\infty}\frac{1}{T}\int_{-T/2}^{T/2}x^2(t)\mathrm{d}t=\frac{1}{2\pi}\int_{-\infty}^{\infty}\lim_{T\to\infty}\frac{|X_T(\omega)|^2}{T}\mathrm{d}\omega \tag{3.3}$$

其中, $X_T(\omega)$ 为 $x_T(t)$ 的傅里叶变换。

对等式(3.3)两边针对样本空间取数学期望,并交换数学期望与积分的次序,得

$$\lim_{T\to\infty}\frac{1}{T}\int_{-\infty}^{\infty}E(x_T^2(t))\mathrm{d}t=\lim_{T\to\infty}\frac{1}{T}\int_{-T/2}^{T/2}E(x^2(t))\mathrm{d}t=\frac{1}{2\pi}\int_{-\infty}^{\infty}\lim_{T\to\infty}E\left(\frac{|X_T(\omega)|^2}{T}\right)\mathrm{d}\omega \tag{3.4}$$

定义 $$s(\omega)=\lim_{T\to\infty}E\left(\frac{|X_T(\omega)|^2}{T}\right) \tag{3.5}$$

则
$$\lim_{T\to\infty}\frac{1}{T}\int_{-\infty}^{\infty}E(x_T^2(t))\mathrm{d}t = \lim_{T\to\infty}\frac{1}{T}\int_{-T/2}^{T/2}E(x^2(t))\mathrm{d}t = \frac{1}{2\pi}\int_{-\infty}^{\infty}s(\omega)\mathrm{d}\omega \quad (3.6)$$

其中，$\lim\limits_{T\to\infty}\dfrac{1}{T}\int_{-T/2}^{T/2}E(x^2(t))\mathrm{d}t$ 的数学意义是随机过程 $X(t)$ 的均方值，物理意义是随机过程 $X(t)$ 的平均功率，所以 $s(\omega)$ 的物理意义是功率密度（单位频率内的功率）随频率的分布，简称功率谱。

因为平稳过程的均方值为常数，所以对于平稳过程，(3.6)式可以简化为

$$E[x^2(t)] = \frac{1}{2\pi}\int_{-\infty}^{\infty}s(\omega)\mathrm{d}\omega \quad (3.7)$$

(3.5)式是从随机过程功率角度给出的随机过程功率谱的定义，对其含义强调如下：

(3.5)式中，$\dfrac{|X_T(\omega)|^2}{T}$ 是随机过程某样本截取函数的功率谱。需要特别注意，因为 $x_T(t)$ 为随机函数，所以 $X_T(\omega)$ 是随机函数，所以样本的功率谱也是随机函数。$E\left(\dfrac{|X_T(\omega)|^2}{T}\right)$ 是针对有限长样本空间的平均，是确定函数，但它是有限长样本空间对应的功率谱。在对样本长度求极限后，有限长空间化为无限长空间，$\lim\limits_{T\to\infty}E\left(\dfrac{|X_T(\omega)|^2}{T}\right)$ 则是随机过程的功率谱。过程的功率谱是确定函数。(3.5)式表明由样本功率谱求过程功率谱一定要有针对样本空间的求平均运算。

该定义根据 Parseval 定理由有限长样本函数的集平均给出了随机过程功率谱的定义。该定义建立在随机过程功率有限的概念基础上。随机过程能量无限、功率有限。

(3.5)式给出的功率谱定义没有涉及过程的平稳性，适合于任意随机过程，具有普遍性。

该定义将傅立叶变换用于随机样本函数，是基于傅立叶变换的功率谱估计方法的理论基础。实际应用中，如果过程是各态历经的，那么集合平均常用时间平均代替。常用 $s_T(\omega) = \dfrac{1}{2T}\left|\int_{-T}^{T}x(t)\exp[\mathrm{j}\omega t]\mathrm{d}t\right|^2$ 作为平稳过程 $X(t)$ 功率谱的估计。

3.1.2　平稳过程及其自相关函数的谱表达

如果说根据有限长样本的集平均给出的功率谱定义是实用定义，那么下面给出的定义则是功率谱更本质的数学定义。

1. 自相关函数的谱表达

Bochner-Khinchine(波赫纳—辛钦)定理

定义域为 $\mathbf{R}$ 且在零点连续的复值函数 $r(\tau)$ 恰为宽平稳随机过程 $X(t)$ 自相关函数的充分必要条件是 $r(\tau)$ 可以表示为

$$r(\tau) = \int_{-\infty}^{\infty} e^{j\omega\tau} dF(\omega) \tag{3.8}$$

其中,$F(\omega)$ 是定义在 $\mathbf{R}$ 上的单调、不减、有界函数。

若规定 $F(-\infty)=0$,则 $F(\infty)=r(0)$。这样 $\dfrac{F(\omega)}{r(0)}$ 就是定义在 $\mathbf{R}$ 上的标准的分布函数。因为 $r(\tau)$ 在物理上具有功率的量纲,所以这里称 $F(\omega)$ 为随机过程 $X(t)$ 的"功率分布函数"。

如果复值函数 $r(\tau)$ 进一步满足 $\int_{-\infty}^{\infty}|r(\tau)|\,d\tau < \infty$,则 $F(\omega)$ 可导,导函数满足

$$\frac{1}{2\pi}s(\omega) = \frac{dF(\omega)}{d\omega} \geq 0 \tag{3.9}$$

称 $s(\omega)$ 为随机过程 $X(t)$ 的"功率分布密度函数",简称功率谱。

2. 平稳过程的谱表达

设 $X(t)$ 是零均值、均方连续平稳随机过程[①],其功率分布函数为 $F(\omega)$,则存在正交增量过程 $\{Z(\omega),\omega\in\mathbf{R}\}$,且满足

$$E\big[|Z(\omega_1)-Z(\omega_2)|^2\big] = F(\omega_2)-F(\omega_1) , \quad \omega_2 \geq \omega_1 \tag{3.10}$$

$$X(t) = \int_{-\infty}^{\infty} e^{j\omega t} dZ(\omega) \tag{3.11}$$

平稳过程的谱表示中,平稳过程 $X(t)$ 由过程 $Z(\omega)$ 的 Stieltjes 积分形式给出。$Z(\omega)$ 是一个关于指标 ω 的正交增量过程,称为 $X(t)$ 的谱过程。$Z(\omega)$ 可以被视为平稳过程 $X(t)$ 的傅立叶变换,这是(3.11)式表达的涵义。$Z(\omega)$ 的增量的二阶矩由 $X(t)$ 的功率分布函数确定,这是(3.10)式表达的涵义。

(3.11)式是平稳过程的谱表达,(3.8)式是平稳过程自相关函数的谱表达,(3.8)式可由(3.11)式导出。

---

① 均方连续过程:设随机过程 $\{X(t),t\in\mathbf{T}\}$,$t_0\in\mathbf{T}$,如果,$\lim\limits_{t\to t_0}E\big[|X(t)-X(t_0)|^2\big]=0$,则称 $X(t)$ 在 t_0 均方连续。如果 $X(t)$ 对任意的 $t\in\mathbf{T}$ 都均方连续,则 $X(t)$ 是 $\mathbf{T}$ 上均方连续的。

上面给出的是平稳过程的谱表达,对于高斯过程的谱表达具有特殊性。高斯过程的谱过程既是正交增量过程也是独立增量过程。并且,高斯过程的谱过程也是高斯过程。

根据功率分布函数 $F(\omega)$ 的可导性,谱表达有两种形式。

(1)功率分布函数为阶梯函数

如果随机过程 $X(t)$ 的功率分布函数 $F(\omega)$ 为阶梯函数,在间断点 $\{\omega_k\}$ 有 $\{\Delta F_k\}$ 的跳跃,那么相应的谱过程在间断点 $\{\omega_k\}$ 有

$$E\big[(\Delta Z_k)^2\big] = \Delta F_k \tag{3.12}$$

ΔZ_k 是谱过程在间断点 $\{\omega_k\}$ 处的跳跃。$E\big[(\Delta Z_k)^2\big]$ 是对谱过程样本空间的平均。

过程和过程的自相关函数的谱表达分别为

$$X(t) = \sum_k \Delta Z_k \exp(j\omega_k t) \tag{3.13}$$

$$r_X(\tau) = \sum_k \Delta F_k \exp(j\omega_k t) \tag{3.14}$$

其中,$r_X(\tau)$ 是 $X(t)$ 的自相关函数。

(2)功率分布函数可导

如果随机过程 $X(t)$ 的功率分布函数 $F(\omega)$ 连续可导,即 $F(\omega)$ 满足 $F(\omega) = \int_{-\infty}^{\omega} s(\lambda)d\lambda$,那么 $X(t)$ 的谱表达 $X(t) = \int_{-\infty}^{\infty} e^{j\omega t} dZ(\omega)$ 可化为

$$X(t) = \int_{-\infty}^{\infty} e^{j\omega t} \sqrt{s(\omega)} d\widetilde{Z}(\omega) \tag{3.15}$$

其中,

$$\widetilde{Z}(\omega) = \frac{Z(\omega)}{\sqrt{s(\omega)}} \tag{3.16}$$

是对谱过程 $Z(\omega)$ 的归一化,且满足

$$d\widetilde{Z}(\omega) = \frac{dZ(\omega)}{\sqrt{s(\omega)}}, \quad E\big[|d\widetilde{Z}(\omega)|^2\big] = d\omega \tag{3.17}$$

若功率分布函数可导,则 $F(\omega)$ 可以表示成 $F(\omega) = \int_{-\infty}^{\omega} s(\lambda)d\lambda$ 。对谱过程 $Z(\omega)$ 进行 $\widetilde{Z}(\omega) = \frac{Z(\omega)}{\sqrt{s(\omega)}}$ 的归一化,那么 $E\big[|d\widetilde{Z}(\omega)|^2\big] = \frac{1}{s(\omega)}E\big[|dZ(\omega)|^2\big]$。因为谱过程的增量满足 $E\big[|dZ(\omega)|^2\big] = dF(\omega)$,所以 $E\big[|d\widetilde{Z}(\omega)|^2\big] = \frac{1}{s(\omega)}dF(\omega)$,而 $dF(\omega) = s(\omega)d\omega$,所以 $E\big[|d\widetilde{Z}(\omega)|^2\big] = d\omega$。因此,当 $F(\omega)$ 连续可导时,过程 $X(t)$ 的谱表达 $X(t) = \int_{-\infty}^{\infty} e^{j\omega t} dZ(\omega)$ 可以化为 $X(t) = \int_{-\infty}^{\infty} e^{j\omega t} \sqrt{s(\omega)} d\widetilde{Z}(\omega)$ 。

上面通过平稳过程的谱表达,引入了功率分布函数、功率分布密度函数(即通常所说的功率谱)的概念。

3.1.3 Wiener-Khinchin(维纳-辛钦)公式

设 $r(\tau)$ 是平稳过程 $X(t)$ 的自相关函数,如果 $\int_{-\infty}^{\infty} |r(\tau)| \, d\tau < \infty$,那么

$$s(\omega) = \int_{-\infty}^{\infty} r(\tau) e^{-j\omega\tau} \, d\tau \tag{3.18}$$

$$r(\tau) = \frac{1}{2\pi} \int_{-\pi}^{\pi} s(\omega) e^{j\omega\tau} \, d\omega \tag{3.19}$$

用频率替代角频率,则

$$s(f) = \int_{-\infty}^{\infty} r(\tau) e^{-j2\pi f\tau} \, d\tau \tag{3.20}$$

$$r(\tau) = \int_{-\pi}^{\pi} s(f) e^{j2\pi f\tau} \, df \tag{3.21}$$

(3.18)式和(3.19)式统称为 Wiener-Khinchin(维纳-辛钦)公式。

Wiener-Khinchin 公式是功率谱最普遍的定义,深刻地说明了平稳过程的功率谱与自相关函数之间的关系。如果过程的自相关函数绝对可积,那么过程存在功率分布密度函数,且功率分布密度函数和自相关函数构成傅立叶变换对,$r(\tau) \leftrightarrow s(\omega)$。它们分别从时域和频域描述随机过程的统计特征。两者虽然处在不同的域,却包含着随机过程同样多的信息。

功率分布函数与功率分布密度函数(功率谱)存在条件不同,只要自相关函数存在,则功率分布函数存在,自相关函数绝对可积才存在功率分布密度函数。

Wiener-Khinchin 公式要求自相关函数绝对可积。这等价于功率分布函数绝对连续处处可微,也等价于随机过程中不能包含周期分量。但事实上,随机过程可以有很强的周期性,比如谐波过程。当随机过程中包含有周期成分时,Wiener-Khinchin 公式对功率谱的定义不再适用。为此,需要借助 δ 函数将 Wiener-Khinchin 公式推广,以适用自相关函数为周期函数的情形。

3.1.4 功率谱定义的等价性

由样本函数平均功率定义的功率谱与由自相关函数定义的功率谱两者等价。

(3.18)式是由过程自相关函数定义的功率谱,公式(3.5)是由过程样本函数平均功率定义的功率谱。令 $X_T(\omega)$ 是 $x_T(t)$ 的傅里叶变换,将 $X_T(\omega)$ 代入(3.5)式:

$$s(\omega) = \lim_{T \to \infty} \frac{1}{2T} E\left[\left| \int_{-T}^{T} x(t) \exp(-j\omega t) \, dt \right|^2 \right]$$

$$= \lim_{T \to \infty} \frac{1}{2T} E\left[\int_{-T}^{T} x(t_1)\exp(j\omega t_1)dt_1 \int_{-T}^{T} x(t_2)\exp(-j\omega t_2)dt_2\right]$$

$$= \lim_{T \to \infty} \frac{1}{2T} \int_{-T}^{T}\int_{-T}^{T} E[x(t_1)x(t_2)]\exp[-j\omega(t_2-t_1)]dt_1 dt_2$$

$$= \lim_{T \to \infty} \frac{1}{2T} \int_{-T}^{T}\int_{-T}^{T} r(t_2-t_1)\exp[-j\omega(t_2-t_1)]dt_1 dt_2$$

其中,$r(t_2-t_1)=E[x(t_1)x(t_2)]$是$x(t)$的自相关函数。

作变量替换,设 $\tau=t_2-t_1$,$u=t_2+t_1$,则 $t_2=\dfrac{\tau+u}{2}$,$t_1=\dfrac{u-\tau}{2}$,所以 Jacobi 变换为

$$\boldsymbol{J}=\frac{\partial(t_1,t_2)}{\partial(\tau,u)}=\begin{vmatrix} \dfrac{1}{2} & \dfrac{1}{2} \\ -\dfrac{1}{2} & \dfrac{1}{2} \end{vmatrix}=\frac{1}{2}\text{。} \text{上面功率谱表达式化为}$$

$$s(\omega)=\lim_{T \to \infty}\frac{1}{2T}\left\{\int_0^{2T}d\tau\int_{-2T+\tau}^{2T-\tau}\frac{1}{2}r(\tau)e^{-j\omega\tau}du+\int_{-2T}^{0}d\tau\int_{-2T-\tau}^{2T+\tau}\frac{1}{2}r(\tau)e^{-j\omega\tau}du\right\}$$

$$=\lim_{T \to \infty}\left(\frac{1}{2T}\int_{-2T}^{2T}d\tau\int_{-2T+|\tau|}^{2T-|\tau|}\frac{1}{2}r(\tau)e^{-j\omega\tau}du\right)$$

$$=\lim_{T \to \infty}\left(\frac{1}{2T}\int_{-2T}^{2T}(2T-|\tau|)r(\tau)e^{-j\omega\tau}d\tau\right)$$

$$=\lim_{T \to \infty}\left(\int_{-2T}^{2T}\left(1-\frac{|\tau|}{2T}\right)r(\tau)e^{-j\omega\tau}d\tau\right)$$

$$=\int_{-\infty}^{\infty}r(\tau)e^{-j\omega\tau}d\tau-\lim_{T \to \infty}\int_{-2T}^{2T}\frac{|\tau|}{2T}r(\tau)e^{-j\omega\tau}d\tau$$

因为$\lim\limits_{T \to \infty}\dfrac{|\tau|}{2T}=0$,且$\lim\limits_{\tau \to \infty}r(\tau)=0$,所以只要$\displaystyle\int_{-\infty}^{\infty}|r(\tau)|d\tau<\infty$,则上式第二项

$\lim\limits_{T \to \infty}\dfrac{1}{2T}\displaystyle\int_{-2T}^{2T}|\tau|r(\tau)e^{-j\omega\tau}d\tau=0$,$s(\omega)=\displaystyle\int_{-\infty}^{\infty}r(\tau)e^{-j\omega\tau}d\tau$,因此两种定义等价。

3.1.5 功率谱分类

下面根据 Lebesgue(勒贝格)分解定理,对功率分布函数进行分类。

1. Lebesgue(勒贝格)分解定理

任何分布函数 $F(\omega)$ 都可以分解为

$$F(\omega)=F_1(\omega)+F_2(\omega)+F_3(\omega) \tag{3.22}$$

其中，$F_1(\omega)$ 是连续函数，$F_2(\omega)$ 是阶梯函数，$F_3(\omega)$ 是奇异函数。$F_3(\omega)$ 以概率为 1 的方式使 $\dfrac{\mathrm{d}F_3(\omega)}{\mathrm{d}\omega}=0$。实际问题中，一般不会出现 $F_3(\omega)$，故勒贝格分解定理可以表示为

$$F(\omega) = F_1(\omega) + F_2(\omega) \tag{3.23}$$

2. 功率谱分类

根据 Lebesgue 分解定理，功率分布函数可以出现三种情况。

(1) $F(\omega) = F_1(\omega)$，$(-\omega \leqslant \omega \leqslant \pi)$，$F_1(\omega)$ 可导为连续函数

此时可以定义：

$$s_1(\omega) = 2\pi \frac{\mathrm{d}F_1(\omega)}{\mathrm{d}\omega} \geqslant 0 \tag{3.24}$$

$s_1(\omega)$ 是纯连续的功率分布密度函数（功率谱），即随机过程有纯连续的功率谱。

在连续功率谱中，特别重要的一类是功率谱为有理函数。若 $s_1(\omega)$ 为有理函数，则称为有理功率谱。有理功率谱 $s_1(\omega)$ 可以表达为

$$s_1(\omega) = s_0 \frac{\omega^{2n} + a_{2n-2}\omega^{2n-2} + \cdots + a_0}{\omega^{2m} + b_{2m-2}\omega^{2m-2} + \cdots + b_0}$$

其中，$a_{2n-i} > 0$，$b_{2n-j} > 0$（$i = 2,\cdots,2n$，$j = 2,\cdots,2m$）为常数，且 $s_0 > 0$，$m > n$，分母无实根。有理功率谱是一类重要而常见的连续功率谱。实际应用中，功率谱的形式多种多样，需要对各种形式的功率谱建立统一的估计方法。研究有理功率谱的重要意义正是在于：任何连续功率谱可以用有理功率谱（以任意精确进行）逼近。

(2) $F(\omega) = F_2(\omega)$，$(-\omega \leqslant \omega \leqslant \pi)$，$F_2(\omega)$ 不可导为阶梯函数

设在 ω_m（$m = 1,2,\cdots$）处，$F_2(\omega)$ 有 $s(\omega_m) > 0$ 的跳跃，应用 δ 函数可以定义功率分布函数，

$$F_2(\omega) = \sum_{m=1}^{\infty} s(\omega_m)\delta(\omega - \omega_m) \tag{3.25}$$

此时功率谱为纯离散的线谱：$s(\omega_m) > 0$，$m = 1,2,\cdots$。

(3) $F(\omega) = F_1(\omega) + F_2(\omega)$，$(-\omega \leqslant \omega \leqslant \pi)$

情况(3)是上述两种情况的混合。功率分布函数为分段连续函数，在某些频点存在跳跃。

通过 Wiener-Khinchin 定理和 Lebesgue 分解定理可以更准确地理解随机过程功率谱的概念。平稳过程的功率分布函数总是存在的，功率分布密度函数（功率谱）的存在是有条件的。

根据功率分布函数的可导性，平稳随机过程的功率谱有纯连续、纯离散两种基本情况，如图 3.1 所示。

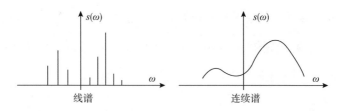

图 3.1 功率谱基本形状

3.1.6 功率谱性质与意义

1.基本性质

不论是实过程还是复过程,其功率谱都是非负的、实的、偶函数。

功率谱是非负、实函数的性质可以由功率谱的定义得到。根据功率谱和自相关函数的关系可以得出功率谱一定是偶函数的性质。非负、实函数是功率谱的最基本性质。由此引出的结论是:功率谱不包含信号相位信息。进而得出,不同的随机过程,可以有相同的功率谱。

2.功率谱与随机过程的相关性

自相关函数反映随机过程的相关性,功率谱是自相关函数的傅立叶变换,所以功率谱同样反映着随机过程的相关性。

时间与频率互为倒数关系,相关函数和功率谱恰好反映了时域与频域的这种反向关系。

过程相关性越强,自相关函数在时域分布得越宽。对于功率谱,过程相关性越强,功率谱在频域分布得越窄。

功率谱曲线的分散与集中程度反映着过程的相关性。功率谱曲线越尖锐集中,过程相关性越强;功率谱曲线越平缓分散,过程相关性越弱。如图 3.2 所示。

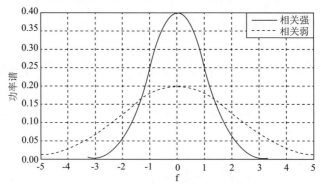

图 3.2 功率谱与信号相关性

为了粗略地定量描述随机过程的相关性,可以由自相关函数定义一个等效时宽（ T_r ）:

$$T_r = \frac{\int\limits_{-\infty}^{\infty} r(\tau)\mathrm{d}\tau}{2r(0)} \qquad (3.26)$$

等效时宽定量描述自相关函数的分布范围。T_r 越大,过程相关性越强。类似地也可以由功率密度函数定义一个等效带宽:

$$B_f = \frac{\int\limits_{-\infty}^{\infty} s(f)\mathrm{d}f}{2s(0)} \qquad (3.27)$$

等效带宽定量地描述功率谱的分布范围。B_f 越小,过程相关性越强。

容易证明,等效时间与等效带宽的乘积为常数。

$$T_r \times B_f = 1/4 \qquad (3.28)$$

自相关函数的等效时间和功率密度函数的等效带宽可以定量地描述过程的相关范围,两者成反向关系。

另外,描述功率谱集中与分散程度的量是功率谱的方差。所以,功率谱的方差实质上是对随机过程相关性的定量描述,功率谱的方差越小,信号的相关性越强。

$$\sigma^2 = \int\limits_{-\infty}^{\infty} (\omega - \overline{\omega})^2 s(\omega)\mathrm{d}\omega , \quad \overline{\omega} = \int\limits_{-\infty}^{\infty} \omega s(\omega)\mathrm{d}\omega \qquad (3.29)$$

3. 量纲与几何意义

对于离散功率谱,横坐标是频率,纵坐标是功率,信号平均功率等于离散谱线之和。

$$p = \sum_i s(\omega_i) \qquad (3.30)$$

其中,$s(\omega_i)$ 的量纲为瓦。

对于连续功率谱,横坐标是频率,纵坐标是单位频率的功率,信号平均功率等于连续谱线的积分。

$$p = \frac{1}{2\pi}\int\limits_{-\pi}^{\pi} s(\omega)\mathrm{d}\omega \qquad (3.31)$$

其中,$s(\omega)$ 的量纲为瓦/角频率。如果取 $p = \int s(f)\mathrm{d}f$,则 $s(f)$ 的量纲为瓦/赫兹。

注意离散谱和连续谱的差异:离散谱 $s(f_i)$ 的意义是功率;连续谱 $s(f)$ 的意义是单位频率的功率,$s(f)\mathrm{d}f$ 是信号在 $[f, f+\mathrm{d}f]$ 频率范围内的平均功率,功率谱曲线与频率轴围成的总面积等于信号功率。

3.1.7　互谱密度及性质

当在频域考虑两个随机过程的相关性时,需要定义互功率谱。设有两个平稳随机过程 $X(t)$ 和 $Y(t)$,如果这两个随机过程是联合平稳的,则可以定义互功率谱:

$$s_{XY}(\omega) = E\left(\lim_{T\to\infty}\frac{1}{2T}X(\omega)Y^*(\omega)\right) \tag{3.32}$$

其中,$X(\omega)$ 是 $X(t)$ 的傅里叶变换,$Y(\omega)$ 是 $Y(t)$ 的傅里叶变换。

如果 $X(t)$ 和 $Y(t)$ 是联合平稳的,那么 $X(t)$ 和 $Y(t)$ 的互相关函数 $r_{XY}(\tau)$ 绝对可积,则

$$s_{XY}(\omega) = \int_{-\infty}^{\infty} r_{XY}(\tau)\exp[-\mathrm{j}\omega\tau]\mathrm{d}\tau \tag{3.33}$$

$$r_{XY}(\tau) = \frac{1}{2\pi}\int_{-\infty}^{\infty} s_{XY}(\omega)\exp[\mathrm{j}\omega\tau]\mathrm{d}\omega \tag{3.34}$$

互相关函数 $r_{XY}(\tau)$ 和互功率谱 $s_{XY}(\omega)$ 是一个傅里叶变换对,即 $r_{XY}(\tau)\leftrightarrow s_{XY}(\omega)$。

互功率谱性质

(1)

$$s_{XY}(\omega) = s_{Y^*X}(\omega) \tag{3.35}$$

可见,互功率谱不具有非负、偶函数性质。

(2)$s_{XY}(\omega)$ 的实部 $\mathrm{Re}[s_{XY}(\omega)]$ 和 $s_{YX}(\omega)$ 的实部 $\mathrm{Re}[s_{YX}(\omega)]$ 是 ω 的偶函数,$s_{XY}(\omega)$ 的虚部 $\mathrm{Im}[s_{XY}(\omega)]$ 和 $s_{YX}(\omega)$ 的虚部 $\mathrm{Im}[s_{YX}(\omega)]$ 是 ω 的奇函数。

(3)

$$|s_{XY}(\omega)|^2 \leqslant s_X(\omega)s_Y(\omega) \tag{3.36}$$

对于随机过程功率谱这一概念,不同的书籍和文章使用的词汇不尽相同,容易产生混淆。功率谱的准确涵义应当是随机过程功率分布函数的导数,全称应当是功率分布密度函数。即通常所说的功率谱是功率分布密度函数的简称。随机过程的功率分布函数总是存在,但功率分布密度函数是否存在要看功率分布函数是否可导。功率分布函数是否可导与随机过程自相关函数的性质有关。在功率分布函数不可导时,需要借助 δ 函数建立功率分布密度函数,此时的功率分布密度函数与功率分布函数可导时的功率分布密度函数,在数学、物理意义上以及量纲上完全不同。该问题与第 1 章中提到的频谱问题是一样的。

尽管"功率谱"不是十分严谨的词汇,但是因为使用很广,所以本书在沿用"功率谱"的同时也使用"功率分布密度函数"。

3.2　自相关函数的谱矩展开

本节首先给出功率谱谱矩的定义,然后将自相关函数作谱矩展开。功率谱的前几个低阶谱矩具有明确的物理意义,在信息提取应用中经常用到。

3.2.1　谱矩

设随机序列 $X(t)$ 的功率谱为 $s(\omega)$,功率谱的各阶原点矩和中心矩分别定义为

$$M_n = \int_{-\infty}^{\infty} \omega^n s(\omega) \mathrm{d}\omega \ , \ n = 0,1,2,\cdots \tag{3.37}$$

$$C_n = \int_{-\infty}^{\infty} (\omega - M_1)^n s(\omega) \mathrm{d}\omega \ , \ n = 0,1,2,\cdots \tag{3.38}$$

M_n 称为功率谱 $s(\omega)$ 的 n 阶原点矩,C_n 称为功率谱 $s(\omega)$ 的 n 阶中心矩。其中,零阶原点矩等于零阶中心矩,物理意义是信号功率,记 $P = M_0 = C_0 = \int_{-\infty}^{\infty} S(\omega)\mathrm{d}\omega$。

在实际应用中,常采用按信号功率进行归一化的谱矩定义,即

$$M_n = \frac{1}{P} \int_{-\infty}^{\infty} \omega^n S(\omega) \mathrm{d}\omega \tag{3.39}$$

$$C_n = \frac{1}{P} \int_{-\infty}^{\infty} (\omega - M_1)^n S(\omega) \mathrm{d}\omega \tag{3.40}$$

这时 $M_0 = C_0 = 1$。一阶原点矩 M_1 的意义是信号平均频率,记为 $\bar{\omega}$,一阶中心矩 $C_1 \equiv 0$。二阶原点矩 M_2 的意义是功率谱(关于频率)的均方值,二阶中心矩 C_2 的意义是功率谱(关于频率)的方差,记为 σ^2。信号功率、平均频率和差分别为

$$P = \int_{-\infty}^{\infty} S(\omega)\mathrm{d}\omega \tag{3.41}$$

$$\bar{\omega} = M_1 = \frac{1}{P} \int_{-\infty}^{\infty} \omega S(\omega)\mathrm{d}\omega \tag{3.42}$$

$$\sigma^2 = C_2 = \frac{1}{P} \int_{-\infty}^{\infty} (\omega - M_1)^2 S(\omega)\mathrm{d}\omega = \frac{1}{P} \int_{-\infty}^{\infty} (\omega - \bar{\omega})^2 S(\omega)\mathrm{d}\omega \tag{3.43}$$

3.2.2　自相关函数的谱矩展开

自相关函数和功率谱是随机过程相关性在不同域的表现。从随机样本提取信

息时,可以在时域进行也可以在频域进行。在时域用自相关函数,在频域用功率谱。自相关函数和功率谱含有同样多的信息。只是有时在时域提取信息方便,有时在频域提取信息方便。

根据自相关函数与功率谱的关系,自相关函数 $r(\tau)$ 可以写成:

$$r(\tau) = \frac{1}{2\pi} \int_{-\infty}^{\infty} s(\omega) \cos(\omega\tau) d\omega + \mathrm{j} \frac{1}{2\pi} \int_{-\infty}^{\infty} s(\omega) \sin(\omega\tau) d\omega \qquad (3.44)$$

令

$$r_I(\tau) = \frac{1}{2\pi} \int_{-\infty}^{\infty} s(\omega) \cos(\omega\tau) d\omega \qquad (3.45)$$

$$r_Q(\tau) = \frac{1}{2\pi} \int_{-\infty}^{\infty} s(\omega) \sin(\omega\tau) d\omega \qquad (3.46)$$

则

$$r(\tau) = r_I(\tau) + \mathrm{j} r_Q(\tau) \qquad (3.47)$$

令

$$h^2(\tau) = r_I^2(\tau) + r_Q^2(\tau) \qquad (3.48)$$

$$\varphi(\tau) = \arctan \frac{r_Q(\tau)}{r_I(\tau)} \qquad (3.49)$$

则可将 $r(\tau)$ 表示成如下形式:

$$r(\tau) = \frac{1}{2\pi} h(\tau) \mathrm{e}^{\mathrm{j}\varphi(\tau)} \qquad (3.50)$$

$h(\tau)$ 是 $r(\tau)$ 的"幅度-延时"特性, $\varphi(\tau)$ 反映的是 $r(\tau)$ 的"相位-延时"特性。

分别将 $h(\tau)$ 和 $\varphi(\tau)$ 在 $\tau = 0$ 点做 Taylor(泰勒)展开,得

$$h(\tau) = \frac{h(\tau)\big|_{\tau=0}}{0!} + \frac{h'(\tau)\big|_{\tau=0}}{1!}\tau + \frac{h''(\tau)\big|_{\tau=0}}{2!}\tau^2 + \cdots \qquad (3.51)$$

$$\varphi(\tau) = \frac{\varphi(\tau)\big|_{\tau=0}}{0!} + \frac{\varphi'(\tau)\big|_{\tau=0}}{1!}\tau + \frac{\varphi''(\tau)\big|_{\tau=0}}{2!}\tau^2 + \cdots \qquad (3.52)$$

可以证明其中,

$$h(\tau)\big|_{\tau=0} = P \qquad\qquad\qquad \varphi(0) = 0$$
$$h'(\tau)\big|_{\tau=0} = 0 \qquad\qquad\qquad \varphi'(0) = M_1$$
$$h''(\tau)\big|_{\tau=0} = -PC_2 \qquad\qquad \varphi''(0) = 0$$
$$h'''(\tau)\big|_{\tau=0} = 0 \qquad\qquad\quad \varphi'''(0) = -C_3$$
$$h^{(4)}(\tau)\big|_{\tau=0} = PC_4 \qquad\qquad \varphi^{(4)}(0) = 0$$
$$h^{(5)}(\tau)\big|_{\tau=0} = 0 \qquad\qquad\quad \varphi^{(5)}(0) = C_5 - 10C_2C_3$$

$$h^{(6)}(\tau)\Big|_{\tau=0} = -P(C_6 - 10C_3^2) \qquad \varphi^{(6)}(0) = 0$$

其中，$h(\tau)$ 的奇数阶导数恒等于零，$\varphi(\tau)$ 的偶数阶导数恒等于零。C_2，C_3 等按(3.40)式定义。所以 $h(\tau)$ 和 $\varphi(\tau)$ 可以用谱矩表达：

$$h(\tau) = P\left(1 - \frac{C_2\tau^2}{2!} + \frac{C_4\tau^4}{4!} - \frac{(C_6-10C_3^2)\tau^6}{6!} + \cdots\right) \tag{3.53}$$

$$\varphi(\tau) = \overline{\omega}\tau - \frac{C_3\tau^3}{3!} + \frac{(C_5-10C_2C_3)\tau^5}{5!} - \cdots \tag{3.54}$$

如果 $s(\omega)$ 是对称谱，即 $s(\omega)$ 是偶函数 $s(-\omega)=s(\omega)$，那么奇数阶矩等于 0，上述展开可以简化为

$$h(\tau) = P\left(1 - \frac{C_2\tau^2}{2!} + \frac{C_4\tau^4}{4!} - \frac{C_6\tau^6}{6!} + \cdots\right) \tag{3.55}$$

$$\varphi(\tau) = \overline{\omega}\tau \tag{3.56}$$

对上述展开式取不同(阶)的近似，可以导出 $h(\tau)$ 和 $\varphi(\tau)$ 不同精度的展开。若忽略四阶矩以上的量，则

$$h(\tau) = P\left(1 - \frac{C_2\tau^2}{2!} + \frac{C_4\tau^4}{4!}\right) \tag{3.57}$$

$$\varphi(\tau) = \overline{\omega}\tau \tag{3.58}$$

若仅取二阶矩，则

$$h(\tau) = P\left(1 - \frac{C_2\tau^2}{2!}\right) \tag{3.59}$$

$$\varphi(\tau) = \overline{\omega}\tau \tag{3.60}$$

注意：C_2 的意义是功率的方差。由上式可以解出信号功率、平均功率及方差为

$$P = h(0) \tag{3.61}$$

$$\overline{\omega} = \frac{\varphi(\tau)}{\tau} \tag{3.62}$$

$$\sigma_2 = \frac{2}{\tau^2}\left(1 - \frac{h(\tau)}{C_0}\right) = \frac{2}{\tau^2}\left(1 - \frac{h(\tau)}{h(0)}\right) \tag{3.63}$$

上式的重要意义在于：当我们只需要随机过程的谱矩信息时，可以不用估计完整的功率谱，根据自相关函数的估计，也可以得到谱矩信息。

第4章　参量估计基本概念

在噪声干扰环境中,对有用信号进行估计是信号处理的基本问题。如果被估计对象是随机参量或是非随机的未知参量,则称为"参量估计"。如果被估计对象是随机过程或是非随机的未知过程,则称为"状态估计"(也称为"波形估计")。在观测时段内,如果被估计对象不随时间改变,则称为"静态估计",否则称为"动态估计"。

气象雷达信号处理归结为功率谱估计,属于静态、参量估计问题。本章介绍静态、参量估计的几个基本概念,包括估计问题、估计性质、Fisher 信息、Cramer-Rao 界(CRB)及最大似然估计的基本概念。

4.1　估计问题

设 θ 是随机过程 X 的参量,x 是 X 的观测样本,x 携带有参量 θ 的信息。经典估计问题是:如何通过对 x 的统计处理,得到统计意义上与参量 θ 尽可能接近的估计 $\hat{\theta}$。

参量空间　可以将待估计的参量视为一个空间,称为参量空间。如果待估计的是单一参量,则是一维空间,参量 θ 的某一取值是直线上的一个点。如果待估计的是 M 个参量,则是 M 维空间,参量的某一组取值($\theta_i, i=1, \cdots, M$)是 M 维空间中的一个点。参量可以是随机量,也可以是未知确定量。

样本空间　观测样本取自随机变量的样本空间。一般要用多个样本进行估计,如果用长度为 N 的观测序列进行估计,那么样本空间就是 N 维空间。某一样本序列($x_i, i=1, \cdots, N$)是 N 维样本空间的一个元素。由于噪声的存在,样本是随机量。

条件概率密度　条件概率密度函数建立起参量与样本之间统计意义上的确定性关系。其含义是:样本取值是随机的,但样本取值的概率是确定的,完全由条件概率密度决定。如果将条件概率密度记为 $f(x|\theta)$,那么 $f(x|\theta)\mathrm{d}x$ 则是参量取值为 θ 时样本出现在区间 $[x, x+\mathrm{d}x]$ 的概率。这种确定性关系是能够用随机样本对参量进

行估计的基础。没有样本概率的确定性,参数估计也就无从谈起。条件概率密度是估计问题的核心。

估计方法　　估计采用的数学方法(也常称为估计器)可以视为是从样本空间到参量空间的映射函数。估计方法可以抽象为 $\hat{\theta}=g(x)$。其中,$\hat{\theta}$ 为 θ 的估计结果,g 表示估计方法,x 表示随机样本序列。

估计方法是估计理论研究的主要内容。有些问题可以采用通用的方法,很多实际问题需要采用特殊的方法。针对具体问题依据一定的准则,建立最优估计方法,使估计结果 $\hat{\theta}$ 在统计意义上尽可能接近参量 θ 是估计理论研究目的。

估计方法影响估计效果。估计方法不同,估计质量不同。估计方法使用的先验知识越多,一般估计效果越好。对先验知识一无所知时,只能采用几种通用的方法,估计质量相对较差。对先验知识的了解程度是建立估计方法的重要依据。

估计结果　　估计结果是统计结果。不论被估计量是随机的还是确定的,估计结果都是统计结果。对估计结果或估计方法的评估也是统计评估。

一般用估计方差作为估计效果的量化评价指标。记参量 θ 的估计为 $\hat{\theta}$,$\hat{\theta}$ 的均值为 $E(\hat{\theta})$,估计方差有如下两种定义方法:

$$\mathrm{Var}(\hat{\theta}) = E\big[(\hat{\theta} - E(\hat{\theta}))^2\big] \tag{4.1}$$

$$\mathrm{MSE}(\hat{\theta}) \equiv E\big[(\hat{\theta} - \theta)^2\big] \tag{4.2}$$

均值 $E(\hat{\theta})$ 是 $\hat{\theta}$ 的(概率)中心位置。$E(\hat{\theta}) = \theta$ 表示在统计意义上 $\hat{\theta}$ 和 θ 无偏差。所以,均值 $E(\hat{\theta})$ 给出的是估计精度的量化指标。由 $E(\hat{\theta})$ 定义估计偏差 $\mathrm{Bia}(\hat{\theta})$ 为

$$\mathrm{Bia}(\hat{\theta}) \equiv E(\theta - \hat{\theta}) \tag{4.3}$$

方差 $\mathrm{Var}(\hat{\theta})$ 反映 $\hat{\theta}$ 围绕其(概率)中心 $E(\hat{\theta})$ 的离散程度。$\mathrm{Var}(\hat{\theta})$ 越小,$\hat{\theta}$ 越集中于 $E(\hat{\theta})$。所以,方差 $\mathrm{Var}(\hat{\theta})$ 给出的是估计集中程度的量化指标。$\mathrm{MSE}(\hat{\theta})$ 是相对参量 θ 的离散程度,是综合给出估计精度和估计集中程度的量化指标。不难证明:

$$\mathrm{MSE}(\hat{\theta}) \equiv \mathrm{Bia}^2(\hat{\theta}) + \mathrm{Var}(\hat{\theta}) \tag{4.4}$$

上式表明:$\mathrm{MSE}(\hat{\theta})$ 恒等于估计方差与估计偏差平方之和。所以,提高估计质量的途径有减小偏差和方差两条。

若 $\mathrm{Bia}(\hat{\theta}) = 0$,则 $\mathrm{MSE}(\hat{\theta}) = \mathrm{Var}(\hat{\theta})$。若没有估计偏差,则 $\mathrm{Var}(\hat{\theta})$ 与 $\mathrm{MSE}(\hat{\theta})$ 等价。

若 $\mathrm{MSE}(\hat{\theta})$ 一定,$\mathrm{Bia}(\hat{\theta})$ 减小,必然伴有 $\mathrm{Var}(\hat{\theta})$ 增大。$\mathrm{Bia}(\hat{\theta})$ 减小意味着估计的偏差减小、估计精度的提高;$\mathrm{Var}(\hat{\theta})$ 增大意味着估计的集中度减小。估计的集中度非常重要,在没有集中度保证的前提下,过高追求精度是没有意义的。很多实际估计问题,需要在估计偏差与估计方差两者之间求平衡。

4.2 估计性质

以下将 $\hat{\theta}$ 记为 θ 的估计，$\hat{\theta}$ 一般是由多个样本得到的估计，用 N 表示样本量。

1. 无偏性

若估计结果 $\hat{\theta}(x)$ 满足：

$$E_\theta[\hat{\theta}(x)] = \theta, \forall \theta \in \Theta, \text{对于未知确定参量} \tag{4.5}$$

$$E_\theta[\hat{\theta}(x)] = E[\theta], \forall \theta \in \Theta, \text{对于未知随机参量} \tag{4.6}$$

则称 $\hat{\theta}(x)$ 是 θ 的无偏估计，否则称 $\hat{\theta}(x)$ 为有偏估计。其中，Θ 表示参量空间，$E_\theta[\cdot]$ 表示对参量空间求期望。

2. 渐近无偏性

若

$$\lim_{N \to \infty} E(\theta - \hat{\theta}) = 0 \tag{4.7}$$

则称 $\hat{\theta}$ 是 θ 的渐近无偏估计。即估计偏差随样本数量的增加趋于零的估计为渐近无偏估计。

3. 有效性

设 $\hat{\theta}_1$ 和 $\hat{\theta}_2$ 都是 θ 的无偏估计，若对所有 θ 值恒有不等式：

$$\text{Var}(\hat{\theta}_1) \leqslant \text{Var}(\hat{\theta}_2) \tag{4.8}$$

成立，则称估计 $\hat{\theta}_1$ 比估计 $\hat{\theta}_2$ 有效，估计 $\hat{\theta}_1$ 优于估计 $\hat{\theta}_2$。

有效性由估计方差判断。两个无偏估计，估计方差较小的更有效。通过估计方差能区分两个估计哪个更有效，但不能判别估计方差是否达到最小。

4. 一致性

若 $\hat{\theta}$ 以概率的方式趋于 θ，则称 $\hat{\theta}$ 是 θ 的一致估计，在概率意义上 $\hat{\theta}$ 与 θ 一致。即对任意的 $\varepsilon \geqslant 0$，若

$$\lim_{N \to \infty} p(|\theta - \hat{\theta}| \geqslant \varepsilon) = 0 \tag{4.9}$$

则 $\hat{\theta}$ 是 θ 的一致估计。更多的情况我们考虑的是均方一致估计。

若

$$\lim_{N \to \infty} E[(\theta - \hat{\theta})^2] = 0 \tag{4.10}$$

则称 $\hat{\theta}$ 是 θ 的（均方）一致估计，$\hat{\theta}$ 均方收敛于 θ。

5. 充分性

样本包含着待估计参量的信息。估计时,如果这些信息能够全部被使用,则称该估计是充分的。换言之,在对样本处理时,样本所含的信息如果毫无损失,则称该估计是充分的。

不是任何估计都具有充分性。充分估计成立条件是:若概率密度函数 $f(\boldsymbol{x}|\theta)$ 可以进行如下的因子分解:

$$f(\boldsymbol{x} \mid \theta) = g(\hat{\theta}(x) \mid \theta)h(x) \tag{4.11}$$

则称 $\hat{\theta}(x)$ 是 θ 的充分估计。其中,$h(x) \geqslant 0$ 是只与样本 x 有关的函数,$g(\hat{\theta}(x)|\theta)$ 是与样本 x 没有直接关系的函数,通过 $\hat{\theta}(x)$ 才与 x 有关。$g(\hat{\theta}(x)|\theta)$ 本身可以是 $\hat{\theta}(x)$ 的概率密度函数。

充分性是数理统计的一个重要基本概念。(4.11)式是 Fisher(费希尔)(1925)提出的判定估计结果充分性的方法,称为因子分解定理,Neyman(奈曼)和 Halmos(哈尔莫斯)(1949)给出了严格证明。

上述所列性质从不同角度对估计进行了描述。无偏性(包括渐近无偏)针对的是估计偏差。有效性针对的是估计集中度。一致性针对的是估计的收敛性。充分性针对的是样本所含信息的利用率。

显然,无偏估计必然是渐近无偏估计,渐近无偏估计不一定是无偏估计。无偏性是好的估计方法或估计结果的首要条件。渐近无偏估计只要能够通过适当的办法消除估计偏差,仍然可以是好的估计。很多时候,满足渐近无偏估计反而被采用。无偏性是好的估计的必要条件,不是充分条件。不满足无偏性肯定不是好的估计,满足无偏性是不是好的估计还要看是否满足有效性。

有效性以无偏性为前提,只有无偏估计才谈得上有效性。对于有效性,因为 $\mathrm{Bia}(\hat{\theta}) = 0$,所以 $\mathrm{MSE}(\hat{\theta}) = \mathrm{Var}(\hat{\theta})$。有效性以估计方差作为衡量指标,可以比较不同估计方法或估计结果的优劣,但是无法判断估计方差是否达到最小。

4.3　Fisher 信息

估计理论是研究获取最优估计的理论。什么是最优估计？如何评判一个估计是最优估计？最优估计的实现条件是什么？这些问题都是估计理论需要解答的问题。

对随机过程进行观测，用获取的样本序列对过程参量进行估计。估计结果因样本的不同而不同。条件概率密度函数是样本空间与参量空间之间的桥梁。不同的样本对应着不同的条件概率密度值，用不同（条件概率密度值对应）的样本进行估计，将有着不同的估计效果。最优估计的解答自然应着眼于对条件概率密度函数 $f(\boldsymbol{x}|\theta)$ 的分析。$f(\boldsymbol{x}|\theta)$ 是关于样本与参量的二元函数，视样本 x 为变量时称为条件概率密度函数，视参量 θ 为变量时称为似然函数，也将 $\ln f(\boldsymbol{x}|\theta)$ 称为似然函数。

根据信息论的观点，估计质量与能够从样本序列中获取的信息量有关，获取的信息越多，估计质量越好。Fisher（费希尔）信息正是用来衡量从样本序列中获取信息多少的统计量。Ronale Aylmer Fisher（1890－1962），英国统计学家、演化生物学家与遗传学家，现代统计学与现代演化论的奠基者之一。

Fisher 信息定义为

$$I(\theta) = \mathrm{Var}[V(x)] \tag{4.12}$$

其中，

$$V(x) = \frac{\partial}{\partial \theta} \ln f(\boldsymbol{x} \mid \theta) \tag{4.13}$$

称为样本评价函数（score）。Fisher 信息等于似然函数（关于参量）相对变化率的方差。

对于独立同分布的随机序列，样本评价函数定义为各随机变量评价函数之和，即

$$V(x_1, x_2, \cdots, x_N) = \sum_{i=1}^{N} V(x_i) = \sum_{i=1}^{N} \frac{\partial}{\partial \theta} \ln f(\boldsymbol{x}_i \mid \theta) \tag{4.14}$$

需要强调是：其一，样本评价函数是似然函数（关于参量）的相对变化率；其二，样本评价函数是关于样本的随机函数；其三，Fisher 信息是统计平均量，表征从样本中获取的信息的多少。

样本评价函数是随机函数，下面给出其均值与方差。根据期望的定义，有

$$E[V(x)] = \int_{-\infty}^{\infty} V(x) f(\boldsymbol{x} \mid \theta) \mathrm{d}x = \int_{-\infty}^{\infty} \frac{\partial f(\boldsymbol{x} \mid \theta)}{\partial \theta} \mathrm{d}x \tag{4.15}$$

若微分与积分可以交换次序（该条件称为规则条件），则

$$E[V(x)] = \frac{\partial}{\partial \theta} \int_{-\infty}^{\infty} f(\boldsymbol{x} \mid \theta) \mathrm{d}x \tag{4.16}$$

因为

$$\int_{-\infty}^{\infty} f(\boldsymbol{x} \mid \theta)\mathrm{d}x \equiv 1, \forall \theta \tag{4.17}$$

所以

$$E[V(x)] \equiv 0 \tag{4.18}$$

根据方差公式有

$$\mathrm{Var}[V(x)] = E[V^2(x)] \tag{4.19}$$

即样本评价函数的均值恒等于 0,方差等于其均方值。

根据样本评价函数的定义与特点,下面对 Fisher 信息的表述作进一步的分析。根据(4.19)式,Fisher 信息还可以表述为

$$I(\theta) = E[V^2(x)] = \int \left(\frac{\partial \ln f(\boldsymbol{x} \mid \theta)}{\partial \theta}\right)^2 f(x \mid \theta)\mathrm{d}x \tag{4.20}$$

(4.17)式两端对参量求导,在满足规则条件下,有

$$\int \frac{\partial f(\boldsymbol{x} \mid \theta)}{\partial \theta}\mathrm{d}x = 0 \tag{4.21}$$

$$\int \frac{\partial \ln f(\boldsymbol{x} \mid \theta)}{\partial \theta} f(\boldsymbol{x} \mid \theta)\mathrm{d}x = 0 \tag{4.22}$$

(4.22)式两端再次对参量求导,并交换微积分次序,得

$$E\left(\frac{\partial^2 \ln f(\boldsymbol{x} \mid \theta)}{\partial \theta^2}\right) + E\left(\left(\frac{\partial \ln f(\boldsymbol{x} \mid \theta)}{\partial \theta}\right)^2\right) = 0 \tag{4.23}$$

所以,Fisher 信息又可表示为

$$I(\theta) = E\left(\left(\frac{\partial \ln f(\boldsymbol{x} \mid \theta)}{\partial \theta}\right)^2\right) = -E\left(\frac{\partial^2 \ln f(\boldsymbol{x} \mid \theta)}{\partial \theta^2}\right) \tag{4.24}$$

即 Fisher 信息等于负的(对数)似然函数二阶导的均值。

下面根据(4.24)式进一步讨论 Fisher 信息的意义。

曲率用来描述曲线上各点的弯曲程度。如图 4.1 所示,曲线 $y = f(x)$ 上,P 点到 Q 点弧长为 L_{PQ},角度变化为 $\Delta\alpha$,P 点的曲率定义为

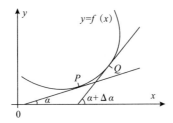

图 4.1　曲率定义

$$\rho = \lim_{\Delta \alpha \to 0} \frac{\Delta \alpha}{L_{PQ}} \tag{4.25}$$

因为曲率半径等于曲率的倒数，所以 P 点的曲率半径定义为

$$r = 1/\rho \tag{4.26}$$

根据曲率的定义，由曲线方程可以得到曲率的表达式为

$$\rho(x) = \frac{\pm y''}{[1 + (y')^2]^{3/2}} \tag{4.27}$$

$$|\rho(x)| = \frac{|y''|}{[1 + (y')^2]^{3/2}} \tag{4.28}$$

其中，y' 和 y'' 分别为曲线的一阶、二阶导数。正负号表示曲线向上或向下的弯曲方向。如果取绝对值则表示绝对曲率，由曲率定义可知：在曲线的极值（$y'=0$）处，曲率取极大值，即

$$\rho(x)\big|_{y'=0} = \pm y'' \tag{4.29}$$

等于曲线方程的二阶导数，即曲线方程二阶导数的意义是曲线极值处的曲率。

因为 $\ln f(\boldsymbol{x}|\theta)$ 与 $f(\boldsymbol{x}|\theta)$ 有相同的极值位置，所以不难理解 Fisher 信息的几何意义是：似然函数最大值处曲率的均值。简单地讲，Fisher 信息可以理解为似然函数曲线的最大曲率。

似然函数曲线是尖锐还是平缓直接反映能够从样本中获取信息量的多少。似然函数最大值处的曲率越大，Fisher 信息越大，样本包含参量的信息越多。

进一步分析，在曲率大的地方，样本与参量的相关性强。表现为：小的参量变化带来大的似然函数值的变化。所以，Fisher 信息的统计意义是反映样本 x 与参量 θ 之间相关性的统计量。在最大曲率处，相关性最强。

通过以上的分析，可以对似然函数的性质总结如下：

性质 1

$$\int_{-\infty}^{\infty} f(\boldsymbol{x}|\theta)\mathrm{d}x = 1, \forall \theta \tag{4.30}$$

性质 2

$$E\left(\frac{\partial \ln f(\boldsymbol{x}|\theta)}{\partial \theta}\right) = 0 \tag{4.31}$$

性质 3

$$E\left(\frac{\partial^2 \ln f(\boldsymbol{x}|\theta)}{\partial \theta^2}\right) + E\left(\left(\frac{\partial \ln f(\boldsymbol{x}|\theta)}{\partial \theta}\right)^2\right) = 0 \tag{4.32}$$

性质 2 和性质 3 称为 Bartlett 性质，似然函数一阶导的均值恒等于 0，二阶导的均值等于负的一阶导平方的均值。

　　Fisher 信息建立了似然函数与样本信息提取量之间的关系。其三种表述总结如下：

$$I(\theta) = \mathrm{Var}\left(\frac{\partial \ln f(\boldsymbol{x} \mid \theta)}{\partial \theta}\right) = E\left[\left(\frac{\partial \ln f(\boldsymbol{x} \mid \theta)}{\partial \theta}\right)^2\right] = -E\left[\frac{\partial^2 \ln f(\boldsymbol{x} \mid \theta)}{\partial \theta^2}\right]$$

$$(4.33)$$

　　回到本节开始提出的最优估计条件问题。显然，在似然函数最大曲率处，可以提供最大的信息量，是最优估计条件，估计效果最好。

　　上面给出 Fisher 信息的定义，并对其意义进行了解释。Fisher 信息的数学意义是样本评价函数的方差（或对数似然函数关于参量导数的方差），方差越大，Fisher 信息越大；几何意义是似然函数曲线极值处的绝对曲率，曲率越大，Fisher 信息越大；统计意义是样本与参量之间的相关性，相关性越强，Fisher 信息越大。Fisher 信息的应用在 Cramer-Rao 不等式中得到了体现。

4.4 Cramer-Rao 界

估计可否无限制地接近被估计量,Cramer-Rao 界(CRB)给出了解释。任意无偏估计的均方误差存在一个界,称为 Cramer-Rao 界。Cramer-Rao 界揭示了一个重要事实:因噪声的存在,估计无法无限制地接近被估计量。根据 Cramer-Rao 界,可以对估计结果的优劣做出判别,可以定量比较不同估计方法的优劣。

1. 定义

令 x 为样本向量,$\hat{\theta}$ 是 θ 的无偏估计,若 $\frac{\partial}{\partial\theta}f(x|\theta)$,$\frac{\partial^2}{\partial\theta^2}f(x|\theta)$ 存在,且满足规则性条件

$$E\left[-\frac{\partial}{\partial\theta}\ln f(x\mid\theta)\right]=0,\forall\theta, \tag{4.34}$$

则任意无偏估计 $\hat{\theta}$ 的方差满足不等式:

$$\mathrm{Var}(\hat{\theta})\geqslant\frac{1}{E\left[-\dfrac{\partial^2}{\partial\theta^2}\ln f(x\mid\theta)\right]} \tag{4.35}$$

(4.35)式称为 Cramer-Rao 界或 Cramer-Rao 不等式,Cramer-Rao 界是所有无偏估计所能达到的最小估计方差。

证

因为 $\hat{\theta}$ 是 θ 的无偏估计,所以

$$E[\hat{\theta}-\theta]=\int_{-\infty}^{\infty}(\hat{\theta}-\theta)f(x\mid\theta)\mathrm{d}x=0 \tag{4.36}$$

上式两边关于 θ 求偏导,交换偏导与积分次序,得

$$-\int_{-\infty}^{\infty}f(x\mid\theta)\mathrm{d}x+(\hat{\theta}-\theta)\int_{-\infty}^{\infty}\frac{\partial}{\partial\theta}f(x\mid\theta)\mathrm{d}x=0 \tag{4.37}$$

因为 $\frac{\partial}{\partial\theta}f(x\mid\theta)=\left[\frac{\partial}{\partial\theta}\ln f(x\mid\theta)\right]f(x\mid\theta)$,$\int_{-\infty}^{\infty}f(x\mid\theta)\mathrm{d}x=1$,所以上式化为

$$\int_{-\infty}^{\infty}\left[\frac{\partial}{\partial\theta}\ln f(x\mid\theta)\right]f(x\mid\theta)(\hat{\theta}-\theta)\mathrm{d}x=1 \tag{4.38}$$

即

$$\int_{-\infty}^{\infty}\left[\frac{\partial}{\partial\theta}\ln f(x\mid\theta)\sqrt{f(x\mid\theta)}\right](\hat{\theta}-\theta)\sqrt{f(x\mid\theta)}\mathrm{d}x=1 \tag{4.39}$$

根据 Cauchy-Schwartz 不等式：

$$\left| \int_{-\infty}^{\infty} f(x)g(x)\mathrm{d}x \right|^2 \leqslant \int_{-\infty}^{\infty} |f(x)|^2 \mathrm{d}x \int_{-\infty}^{\infty} |g(x)|^2 \mathrm{d}x \tag{4.40}$$

由(4.39)式,得

$$\int_{-\infty}^{\infty} \left[\frac{\partial}{\partial \theta} \ln f(\boldsymbol{x} \mid \theta) \sqrt{f(\boldsymbol{x} \mid \theta)} \right]^2 \mathrm{d}x \int_{-\infty}^{\infty} \left[(\hat{\theta} - \theta) \sqrt{f(\boldsymbol{x} \mid \theta)} \right]^2 \mathrm{d}x \geqslant 1$$

$$\int_{-\infty}^{\infty} \left[\frac{\partial}{\partial \theta} \ln f(\boldsymbol{x} \mid \theta) \right]^2 f(\boldsymbol{x} \mid \theta) \mathrm{d}x \int_{-\infty}^{\infty} (\hat{\theta} - \theta)^2 f(\boldsymbol{x} \mid \theta) \mathrm{d}x \geqslant 1$$

因为

$$E\left[\left[\frac{\partial}{\partial \theta} \ln f(\boldsymbol{x} \mid \theta) \right]^2 \right] = -E\left[\frac{\partial^2}{\partial \theta^2} \ln f(\boldsymbol{x} \mid \theta) \right], \int_{-\infty}^{\infty} (\hat{\theta} - \theta)^2 f(\boldsymbol{x} \mid \theta) \mathrm{d}x = \mathrm{Var}(\hat{\theta})$$

所以

$$\mathrm{Var}(\hat{\theta}) \geqslant \frac{1}{E\left[-\frac{\partial^2}{\partial \theta^2} \ln f(\boldsymbol{x} \mid \theta) \right]} \tag{4.41}$$

　　根据 Fisher 信息的定义,Cramer-Rao 不等式可以表述为

$$\mathrm{Var}(\hat{\theta}) \geqslant \frac{1}{I(\theta)} \tag{4.42}$$

可见,Fisher 信息正是 Cramer-Rao 不等式的倒数。Fisher 信息量越大,所能达到的最小估计方差越小。

　　在定义了 Cramer-Rao 下界之后,我们给出优效估计的定义。我们将估计方差能够达到 Cramer-Rao 界的无偏估计(MVU)定义为最优有效估计,简称优效估计。需要注意的是:不是所有的估计都是优效估计。即便是最小方差无偏估计(MVU),也不都是优效估计。

2. Cramer-Rao 不等式取等号的条件

　　当且仅当下式成立时,

$$\frac{\partial}{\partial \theta} \ln f(\boldsymbol{x} \mid \theta) = I(\theta)\left[g(x) - \theta \right] \tag{4.43}$$

Cramer-Rao 不等式取等号。其中,$I(\theta) = E\left[-\frac{\partial^2}{\partial \theta^2} \ln f(\boldsymbol{x} \mid \theta) \right]$ 是 Fisher 信息。函数 $g(x)(\hat{\theta} = g(x))$ 是 MVU 估计,即满足 $\mathrm{Var}(\hat{\theta}) = \frac{1}{I(\theta)}$。

(4.43)式的含义是:如果似然函数的导数可以分解成: $\dfrac{\partial \ln f(\boldsymbol{x}|\theta)}{\partial \theta} = I(\theta)\big[g(x)$ $-\theta\big]$,那么存在无偏且能达到 CRB 的估计 $\hat{\theta} = g(x)$,估计方差为 $\mathrm{Var}(\hat{\theta}) = \dfrac{1}{I(\theta)}$ $=\mathrm{CRB}$。

3. 确定 CRB 的例子

(4.43)式给出了找到 MVU 估计的可行方法:计算似然函数的一阶偏导,看一阶偏导是否可以表示成 $I(\theta)\big[g(x)-\theta\big]$ 的形式。如果可以,那么 $g(x)$ 就是一个 MVU 估计。具体步骤如下:

(1)确定似然函数 $\ln f(\boldsymbol{x}|\theta)$。

(2)求二阶偏导数 $\dfrac{\partial^2}{\partial \theta^2}\ln f(\boldsymbol{x}|\theta)$。

(3)如果结果仍然依赖于 x,则固定 θ,对二阶偏导数求期望。

(4)结果可能依然依赖于 θ。

(5)取负号,取倒数,得到 CRB。

例 1 高斯白噪声过程中常量估计的 CRB。

高斯白噪声过程的似然函数为

$$f(\boldsymbol{x} \mid A) = \prod_{n=0}^{N-1} \frac{1}{\sqrt{2\pi\sigma^2}} \exp\left[\frac{-(x(n)-A)^2}{2\sigma^2}\right] = \frac{1}{(2\pi\sigma^2)^{N/2}} \exp\left[-\frac{\displaystyle\sum_{n=0}^{N-1}(x(n)-A)^2}{2\sigma^2}\right]$$

对数似然函数为

$$\ln f(\boldsymbol{x} \mid A) = -\ln\left[(2\pi\sigma^2)^{N/2}\right] - \frac{1}{2\sigma^2}\sum_{n=0}^{N-1}(x(n)-A)^2$$

对参数 A 求偏导:

$$\frac{\partial}{\partial A}\ln f(\boldsymbol{x} \mid A) = \frac{1}{\sigma^2}\sum_{n=0}^{N-1}(x(n)-A) = \frac{N}{\sigma^2}(\bar{x}-A)$$

其中, $\bar{x} = \dfrac{1}{N}\sum\limits_{n=0}^{N-1} x(n)$ 是对样本的平均。对 A 求偏导:

$$\frac{\partial^2}{\partial A^2}\ln f(\boldsymbol{x} \mid A) = -\frac{N}{\sigma^2}$$

因结果与 x 和 A 都无关,所以无需再做期望运算。得到高斯白噪声过程常量估计的 CRB:

$$CRB = \frac{\sigma^2}{N} \tag{4.44}$$

可见,CRB 随 σ^2 的减小而减小,随 N 的增加而迅速减小,如图 4.2 所示。

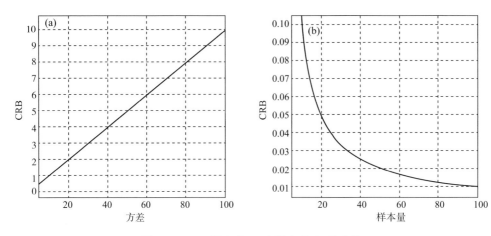

图 4.2 CRB 随方差(a)和样本量(b)的变化

对参量 A 的估计方差为：$\mathrm{Var}(\hat{A}) \geqslant \dfrac{\sigma^2}{N}$。减小估计方差的办法分别是减小 σ^2 或增加 N。估计方差与被估计参量 A 无关。

因为 $\dfrac{\partial}{\partial A}\ln f(x|A) = \dfrac{1}{\sigma^2}\sum\limits_{n=0}^{N-1}(x(n)-A) = \dfrac{N}{\sigma^2}(\bar{x}-A)$，所以 A 的最小方差无偏估计（MVU）是：$g(x) = \bar{x} = \dfrac{1}{N}\sum\limits_{n=0}^{N-1}x(n)$，高斯白噪声过程中常量的估计，样本的算术平均是 MVU 估计。

例 2 高斯白噪声中谐波过程随机相位估计的 CRB

信号模型为 $x(n) = A\cos(2\pi f_0 n + \varphi) + w(n)$，其中，$w(n) \sim WN(0,\sigma^2)$。信号功率为 $A^2/2$，噪声功率为 σ^2，信噪比为 $SNR = A^2/(2\sigma^2)$。f_0 和 A 未知，求随机相位 φ 的 CRB。

似然函数：$f(x|\varphi) = \dfrac{1}{(2\pi\sigma^2)^{N/2}}\exp\left[\dfrac{1}{2\sigma^2}\left(-\sum\limits_{n=0}^{N-1}[x(n)-A\cos(2\pi f_0 n + \varphi)]^2\right)\right]$

对数似然函数：

$$\ln f(x|\varphi) = -\ln\left[(2\pi\sigma^2)^{N/2}\right] - \dfrac{1}{2\sigma^2}\sum\limits_{n=0}^{N-1}[x(n)-A\cos(2\pi f_0 n + \varphi)]^2$$

$$\dfrac{\partial \ln f(x|\varphi)}{\partial \varphi} = -\dfrac{A}{\sigma^2}\sum\limits_{n=0}^{N-1}\left[x(n)\sin(2\pi f_0 n + \varphi) - \dfrac{A}{2}\sin(4\pi f_0 n + 2\varphi)\right]^2$$

$$\dfrac{\partial^2 \ln f(x|\varphi)}{\partial \varphi^2} = -\dfrac{A}{\sigma^2}\sum\limits_{n=0}^{N-1}\left[x(n)\cos(2\pi f_0 n + \varphi) - A\cos(4\pi f_0 n + 2\varphi)\right]$$

可见，似然函数二阶导数依然与样本向量 $x(n)$ 有关。取期望：

$$-E\left(\frac{\partial^2 \ln f(x \mid \varphi)}{\partial \varphi^2}\right) = E\left(\frac{A}{\sigma^2}\sum_{n=0}^{N-1}\left[x(n)\cos(2\pi f_0 n + \varphi) - A\cos(4\pi f_0 n + 2\varphi)\right]\right)$$

$$= \frac{A}{\sigma^2}\sum_{n=0}^{N-1}\left[E[x(n)]\cos(2\pi f_0 n + \varphi) - A\cos(4\pi f_0 n + 2\varphi)\right]$$

其中，$E[x(n)] = A\cos(2\pi f_0 n + \varphi)$，代入上式，得

$$-E\left(\frac{\partial^2 \ln f(x \mid \varphi)}{\partial \varphi^2}\right) = \frac{A^2}{2\sigma^2}\left[\sum_{n=0}^{N-1}1 - \sum_{n=0}^{N-1}\cos(4\pi f_0 n + 2\varphi)\right]$$

$\sum_{n=0}^{N-1}1 = N$，当 $\sum_{n=0}^{N-1}\cos(4\pi f_0 n + 2\varphi) << N$ 时，有

$$-E\left(\frac{\partial^2 \ln p(x \mid \varphi)}{\partial \varphi^2}\right) = \frac{A^2}{2\sigma^2}\left[\sum_{n=0}^{N-1}1 - \sum_{n=0}^{N-1}\cos(4\pi f_0 n + 2\varphi)\right] \approx \frac{NA^2}{2\sigma^2} = N \times SNR$$

所以，得到

$$CRB = \mathrm{Var}(\hat{\varphi}) \geqslant \frac{1}{SNR \times N} \tag{4.45}$$

CRB 随信噪比和样本量呈指数减小，如图 4.3 所示。

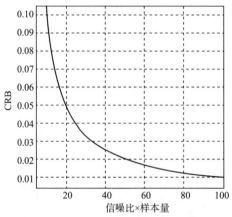

图 4.3　CRB 随信噪比和样本量的变化

（4.45）式解释了一个普遍现象：在有噪声的环境下，估计质量受 SNR 的影响。在 SNR 很低的时候，很难得到可信的估计。在低 SNR 的时候，设法提高 SNR 非常重要。在 SNR 无法再提高的时候，增加样本长度也是提高估计精度的办法。

该估计问题是否存在有效估计？根据 CRB 取等号的条件，如果似然函数可以分解为 $\frac{\partial \ln p(\boldsymbol{x}|\theta)}{\partial \theta} = I(\theta)[g(x) - \theta]$，则存在有效估计。根据上面的推导，有

$$\frac{\partial \ln p(\boldsymbol{x} \mid \varphi)}{\partial \varphi} = -\frac{A}{\sigma^2}\sum_{n=0}^{N-1}\left[x(n)\sin(2\pi f_0 n + \varphi) - \frac{A}{2}\sin(4\pi f_0 n + 2\varphi)\right]^2 \tag{4.46}$$

其中,$x(n)\sin(2\pi f_0 n + \varphi)$无法写成$g(x)$只和$x$的函数,所以该问题的有效估计不存在。但是由(4.45)式可以看出,当$N \to \infty$或$SNR \to \infty$时,$\mathrm{Var}(\hat{\varphi}) \to 0$。这样的估计称为渐近有效估计。

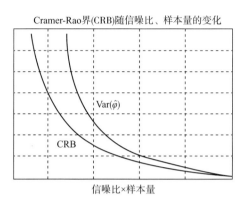

图 4.4　渐近有效估计

4.5　最大似然估计

最大似然估计就是使似然函数最大化的估计。最大似然估计的思想 1821 年由德国数学家 C. F. Gauss(1821)提出。英国统计学家 R. A. Fisher(费歇)首先探讨了这种方法的一些性质,并首先给出了最大似然估计这一名称。

1. 最大似然估计

令 $x_n(n \in [1, N])$ 是随机变量 X 的 N 个样本,θ 是随机变量 X 的未知(非随机)参数;$f(x_1, x_2, \cdots, x_N | \theta)$ 是给定参数 θ 条件下,样本 $(x_1, x_2, \cdots, x_N)$ 的联合条件概率密度函数。参数 θ 的最大似然估计为

$$\hat{\theta}_{ML} = \arg \max_{\theta \in \Theta} f(x_1, x_2, \cdots, x_N | \theta) \tag{4.47}$$

上式中符号 arg 的含义是:在函数 $f(x_1, x_2, \cdots, x_N | \theta)$ 取最大值时,变量 θ 的取值。Θ 表示参量空间,变量 θ 是参量空间的一个元素。

2. 最大似然估计的性质与特点

假设图 4.5 是给定样本 $\boldsymbol{x}$ 情况下的条件概率密度 $f(\boldsymbol{x} | \theta)$,$f(\boldsymbol{x} | \theta)$ 是 θ 的函数。图 4.5 中 θ 取 θ_2 的概率大于 θ 取 θ_1 的概率,θ 取 θ_M 时 $f(\boldsymbol{x} | \theta)$ 取最大值。依据样本对参数进行推断时,推断 $\theta = \theta_2$ 是大概率事件,推断 $\theta = \theta_1$ 是小概率事件。推断 $\theta = \theta_2$ 的可靠性高于推断 $\theta = \theta_1$。最大似然估计是以使 $f(\boldsymbol{x} | \theta)$ 为最大的 θ_M 值作为 θ 的估计值。最大似然估计说的是已知某个随机样本满足某种概率分布,但是其中具体的参数未知。已知参数的某个值能使这个样本出现的概率最大,将该值作为该参数的估计值。这就是最大似然估计的思想与原理。

最大似然估计有如下优良的性质:

(1)最大似然估计是一致估计。

(2)最大似然估计如果存在的话,则是优效估计。

(3)最大似然估计如果是有偏的,估计偏差一般可以通过对估计值乘以某个合适的常数加以消除。

最大似然估计的突出特点是:对于大的 N,最大似然估计 $\hat{\theta}_{ML}$ 为高斯分布,且均值和方差分别为

$$E[\hat{\theta}_{ML}] = \theta \tag{4.48}$$

$$\mathrm{Var}(\hat{\theta}_{ML}) = \frac{1}{N} \Big[E\{ \frac{\partial}{\partial \theta} [f(x_1, \cdots x_N | \theta)]^2 \} \Big]^{-1} \tag{4.49}$$

最大似然估计是一种常用、有效的通用估计方法。最大似然估计不需要其他先验知识,但是需要知道概率密度函数。使用最大似然估计时,一般假定被估计参数为常数。

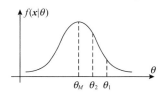

图 4.5　确定样本时的条件概率密度图

3. 最大似然方程

因对数函数严格单调,$f(\boldsymbol{x}|\theta)$ 与 $\ln f(\boldsymbol{x}|\theta)$ 极大点一致,也称 $\ln f(\boldsymbol{x}|\theta)$ 为似然函数。可由

$$\frac{\partial}{\partial\theta}\ln f(\boldsymbol{x}\mid\theta)=0 \tag{4.50}$$

求得最大似然估计。(4.50)式称为最大似然方程。

若 θ 为一 p 维向量($\theta=[\theta_1,\theta_2,\cdots,\theta_p]^T$),则最大似然方程组为

$$\frac{\partial}{\partial\theta_k}\ln f(\boldsymbol{x}\mid\theta)=0,k=1,\cdots,p \tag{4.51}$$

若 x 是独立样本,则似然函数可以写成

$$\ln f(\boldsymbol{x}\mid\theta)=\ln[f(\boldsymbol{x}_2\mid\theta)f(\boldsymbol{x}_1\mid\theta)\cdots f(\boldsymbol{x}_N\mid\theta)]=\sum_{k=1}^{N}\ln f(\boldsymbol{x}_k\mid\theta) \tag{4.52}$$

通过求解

$$\frac{\partial}{\partial\theta_1}\ln f(\boldsymbol{x}\mid\theta)=\frac{\partial}{\partial\theta_1}\sum_{i=1}^{N}\ln f(\boldsymbol{x}_i\mid\theta)=0$$
$$\vdots \tag{4.53}$$
$$\frac{\partial}{\partial\theta_p}\ln f(\boldsymbol{x}\mid\theta)=\frac{\partial}{\partial\theta_p}\sum_{i=1}^{N}\ln f(\boldsymbol{x}_i\mid\theta)=0$$

得到 p 维向量 θ 的最大似然估计:$\hat{\theta}_{i,ML}$,$i=1,\cdots,p$。

第 5 章　经典功率谱估计

　　本章介绍经典功率谱估计,主要内容包括:估计算法、估计性能分析及改进方法。经典功率谱估计包括周期图(periodogram)法、相关图(correlogram)法及其改进方法。在一定条件下,周期图和相关图两种算法等价。所以,分析估计性能时,主要分析周期图的估计性能。相关图法涉及自相关函数序列的估计,故对自相关函数序列的估计做了分析。经典功率谱估计涉及窗函数问题。窗函数问题是信号处理的基本问题,更是经典功率谱估计的关键问题。所以,本章对窗函数做了详细的介绍。介绍了窗函数的基本知识以及窗函数对经典功率谱估计的影响。本章分两节,5.1节介绍窗函数,5.2节介绍经典功率谱估计。

5.1　窗函数

　　在信号处理中,窗函数问题总是存在。随机序列一般是无限长序列,但是我们只能获取其有限长的样本序列,并通过对有限长样本序列的处理,估计随机序列的信息。样本序列是从长序列或无限长序列截取的一段。如果是不做任何改变的自然截取,相当于使用了矩形窗;如果以某种加权函数的方式截取,该权函数即是窗函数。窗函数的存在必然对处理结果产生影响。选择合适的窗函数有助于信息的正确检测与估计。因此,窗函数问题是信号处理的一个基本问题。

　　窗函数对经典功率谱估计尤其重要。没有窗函数的基本知识,就无法深入理解经典功率谱估计。对估计性能的分析、算法的改进等都涉及窗函数问题。为此,本节介绍窗函数的基本知识,以便了解窗函数对经典功率谱估计的影响。

5.1.1　窗函数及窗谱

1.定义

　　窗函数是在给定区间之内取值不全为 0,在给定区间之外取值均为 0,并以给定区间中心为对称中心的实、偶函数。记窗函数为 $w(n)$,$n=[0,N-1]$,其中 N 为窗的长度。

2.谱窗术语与参数

将窗函数 $w(n)$ 的傅里叶变换记为 $W(\omega)$，称 $W(\omega)$ 为 $w(n)$ 的窗谱，也称 $W(\omega)$ 为谱窗。下面说明和窗谱 $W(\omega)$ 有关的术语及参数。

如图 5.1 所示，窗谱关于中心对称由主瓣和副瓣构成。窗谱中间高起的峰称为主瓣(main lobe)；以主瓣为对称中心，两边高度逐渐降低的峰称为副瓣(side lobe)；与主瓣最近的副瓣称为第一副瓣。主瓣宽度、第一副瓣高度、平均副瓣高度以及副瓣高度降低的速率(side lobe fall-off)是描述窗谱的基本参数。

主瓣宽度　　窗谱在中间取最大值，最大值两边第一次为零的两点之间的部分称为主瓣，主瓣占的频率范围定义为主瓣宽度。在工程上，主瓣宽度有其他形式的定义，一般将主瓣最大值下降 3dB 所占的频率范围定义为主瓣宽度。

副瓣高度　　一般是以主瓣高度进行归一化后采用对数的方式表示。若将窗谱中心设定为零频，则 $W(0)$ 是主瓣实际高度，第 i 个副瓣高度表示为 $W(\omega_i)=10\lg\dfrac{W(\omega_i)}{W(0)}(\text{dB})$。

第一副瓣一般是最高的副瓣，所以一般特别关注第一副瓣高度。副瓣高度一般随着远离中心频率而降低。常用平均副瓣高度和副瓣高度降低速率来总体描述副瓣。副瓣高度降低速度是指随着远离窗的中心频率，副瓣高度随频率的下降速率。一般用每倍频程副瓣高度的降低值表示。

副瓣是给处理带来负面影响、使处理效果变差的主要因素。副瓣高度以及副瓣高度降低速度是反映这种负面影响的两个参数。

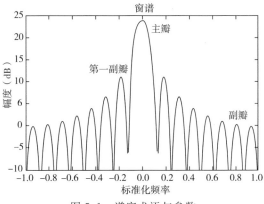

图 5.1　谱窗术语与参数

等效噪声带宽

从频域的角度，可将窗视为滤波器，滤波特性由窗谱给出。窗谱的频率范围很宽,但是主要允许零频附近的信号通过(窗谱中心设定为零频)。不同的窗具有不同的窗谱,或是说具有不同的滤波特性。为了定量比较窗的频率特性引入窗等效噪声带宽的概念。

窗的等效噪声带宽等于具有与窗的峰值功率相同的矩形滤波器的噪声带宽。即窗口通过的噪声功率等效于某个矩形滤波器通过的噪声功率,而且该矩形滤波器的幅度和窗谱峰值相同,如图 5.2 所示。

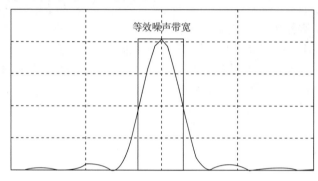

等效噪声带宽

图 5.2　窗的等效噪声带宽

设窗 $w(n)$ 的窗谱为 $W(\omega)$,记窗的等效噪声带宽为 B_n,则

$$B_n = \frac{\frac{1}{2\pi}\int_{-\pi}^{\pi}\mid W(\omega)\mid^2 \mathrm{d}\omega}{\mid W(0)\mid^2} \tag{5.1}$$

(5.1)式中,分子是从窗口通过的噪声功率,分母是窗谱的功率密度最大值。

根据 Parseval 定理:

$$\sum_{n=-N/2}^{N/2} w^2(n) = \frac{1}{2\pi}\int_{-\pi}^{\pi}\mid W(\omega)\mid^2 \mathrm{d}\omega \tag{5.2}$$

另外,因为 $w(n)$ 和 $W(\omega)$ 是傅里叶变换对,所以峰值幅度和峰值功率分别为

$$W(0) = \sum_{n=-N/2}^{N/2} w(n) \tag{5.3}$$

$$\mid W(0)\mid^2 = \Big(\sum_{n=-N/2}^{N/2} w(n)\Big)^2 \tag{5.4}$$

窗的等效噪声带宽又可以表示为

$$B_n = \frac{\sum_{n=-N/2}^{N/2} w^2(n)}{\Big(\sum_{n=-N/2}^{N/2} w(n)\Big)^2} \tag{5.5}$$

加窗离散傅里叶变换处理增益

因为加窗离散傅里叶变换可以视为一组匹配滤波器。加窗傅里叶变换后,信噪比将发生变化。将加窗傅里叶变换前后信噪比之比定义为加窗离散傅里叶变换处理增益,即

$$PG = SNR_o / SNR_i \tag{5.6}$$

其中,SNR_i 和 SNR_o 分别是离散傅里叶变换前后的信噪比。

假设原信号是谐波加噪声信号,即

$$x(n) = A\exp(\mathrm{j}\omega_k n) + u(n) \tag{5.7}$$

其中 $u(n)$ 是方差为 σ_u^2 的白噪声序列。

离散傅里叶变换处理前的信噪比为

$$SNR_i = A^2 / \sigma_u^2 \tag{5.8}$$

加窗离散傅里叶变换后,信号功率、噪声功率和(功率)信噪比分别为

$$| X(\omega_k) |^2 = A^2 \left(\sum_{n=-N/2}^{N/2} w(n) \right)^2 \tag{5.9}$$

$$p_n = \sigma_u^2 \sum_{n=-N/2}^{N/2} w^2(n) \tag{5.10}$$

$$SNR_o = \frac{A^2 \left(\sum_{n=-N/2}^{N/2} w(n) \right)^2}{\sigma_u^2 \sum_{n=-N/2}^{N/2} w^2(n)} \tag{5.11}$$

所以加窗离散傅里叶变换处理增益(PG)为

$$PG = \frac{\left(\sum_{n=-N/2}^{N/2} w(n) \right)^2}{\sum_{n=-N/2}^{N/2} w^2(n)} \tag{5.12}$$

比较(5.5)式和(5.12)式

$$PG = 1/B_n \tag{5.13}$$

即加窗离散傅里叶变换处理增益(PG)是归一化的窗的等效噪声带宽(B_n)的倒数。等效噪声带宽越宽,代入的噪声越多,处理增益越低,反之亦反。

5.1.2　窗函数对功率谱估计的影响

1. 数据窗、延迟窗、谱窗及其关系

窗函数用于不同性质的数据时经常用不同的名称。加在时域序列上的窗习惯

称为数据窗,其中加在相关函数序列上的窗又称为延时窗(或延迟窗),加在频域功率谱上的窗又称为谱窗。

下面说明由样本序列估计功率谱过程中,窗函数的变化及其关系。

设有随机序列 $X=\{x(n)\}$, $n\in(-\infty,\infty)$,$x(n)$ 是样本空间 $\{x(n)\}$ 中的任一样本序列。根据样本序列长度 N,取样本空间 $\{x(n)\}$ 的一个子空间 $\{x_N(n)\}$,该空间中序列长度均为 N。样本空间 $\{x(n)\}$ 与子空间 $\{x_N(n)\}$ 之间的映射关系为

$$x_N(n)=w_s(n)\times x(n), n\in 0,1,2,\cdots,N-1 \tag{5.14}$$

称 $x_N(n)$ 是样本序列 $x(n)$ 的截取序列。其中,$w_s(n)$ 为截取时选用的窗函数,称为数据窗。若 $w_s(n)$ 是矩形窗,则称 $x_N(n)$ 是对 $x(n)$ 的自然截取。

在有限长样本空间 $\{x_N(n)\}$,自相关函数为

$$r_N(k)=E[x_N(n)x_N(n+k)], \quad k=0,\pm1,\cdots,\pm(N-1) \tag{5.15}$$

其中,$E[\cdot]$ 表示针对空间 $\{x_N(n)\}$ 的期望。将(5.14)式代入(5.15)式,有

$$r_N(k)=E[w_s(n)w_s(n+k)]\times E[x(n)x(n+k)],$$
$$k=0,\pm1,\cdots,\pm(N-1) \tag{5.16}$$

其中,记 $r(k)=E[x(n)x(n+k)]$ 是随机序列 X 的自相关函数,令

$$w_r(k)=E[w_s(n)w_s(n+k)], \quad n=1,2,\cdots,N;k=0,\pm1,\cdots,\pm(N-1) \tag{5.17}$$

则

$$r_N(k)=w_r(k)r(k) \tag{5.18}$$

(5.18)式是自相关函数 $r_N(k)$ 与 $r(k)$ 之间的关系式。$w_r(n)$ 是加在自相关函数前的窗函数,称为延迟窗。(5.17)式给出了延迟窗 $w_r(k)$ 和数据窗 $w_s(n)$ 之间的关系。(5.17)式表明:加在某自相关函数前的延迟窗一定是某个数据窗的自相关。另外需要注意,因为延迟量有正负,所以延迟窗的长度是相应数据窗长度的 2 倍。

对(5.18)式两边取傅里叶变换并根据卷积定理有

$$s_N(\omega)=W(\omega)*s(\omega) \tag{5.19}$$

其中,$s_N(\omega)$ 是 $r_N(k)$ 的傅里叶变换,是与有限长样本空间 $\{x_N(n)\}$ 对应的功率谱;$s(\omega)$ 是 $r(k)$ 的傅里叶变换,即随机序列 X 的功率谱。其中,

$$W(\omega)=FT[w_r(k)] \tag{5.20}$$

根据数据窗与延迟窗的关系,将(5.17)式代入(5.20)式,有

$$W(\omega)=FT[w_r(k)]=FT[E[w_s(n)w_s(n+k)]]$$
$$=W_s(\varphi)*W_s(\varphi+\omega)=|W_s(\omega)|^2 \tag{5.21}$$

$W(\omega)$ 称为谱窗。因为 $w_r(n)$ 是偶函数,所以 $W(\omega)$ 也是关于频率的偶函数。其中,$W_s(\omega)$ 是数据窗 $w_s(n)$ 的傅里叶变换。在讨论功率谱涉及谱窗问题时,注意区别 $W(\omega)$ 和 $W_s(\omega)$ 的意义。

(5.17)式、(5.20)式和(5.21)式给出了数据窗、延迟窗、谱窗之间的关系。

2. 谱窗的作用

实际问题中,我们经常是在有限长空间对无限长空间的物理量进行估计,估计效果受到窗函数的影响。(5.19)式给出了有限空间与无限空间功率谱的关系。下面分析窗函数对功率谱估计的影响。

过程有限长样本空间的功率谱恒等于窗谱与过程功率谱的卷积,即 $s_N(\omega) = W(\omega) * s(\omega)$。窗以卷积的方式影响着功率谱估计。因此,需要搞清卷积运算。卷积是反褶、平移、相乘、求和四种运算的综合。因窗函数及其窗谱是偶函数,所以"反褶"运算不起实际作用,起作用的仅是"相乘"、"求和"与"平移"运算。

(1)"相乘求和"运算

$s_N(\omega)$ 某一频点的功率密度是 $s(\omega)$ 所有频点的功率密度值与窗谱 $W(\omega)$ 相乘、求和的结果。例如,$s_N(\omega)$ 在频点 ω_1 的功率密度值 $s(\omega_1)$ 的计算是:首先 $W(0)$ 与 $s(\omega_1)$ 对齐,然后 $s(\omega)$ 所有频点的功率密度值与窗谱 $W(\omega)$ 相乘,再求和,最后得到 $s_N(\omega_1)$。即 $s_N(\omega)$ 在 ω_1 点的功率密度值 $s_N(\omega_1)$,是 $s(\omega)$ 以窗谱 $W(\omega)$ 为权函数的加权平均。我们将这一过程称为窗函数的谱平均作用,图 5.3 示意性说明加窗后的功率谱 $S_N(\omega)$ 在 ω_1 点的功率密度值 $S_N(\omega_1)$ 的计算过程。

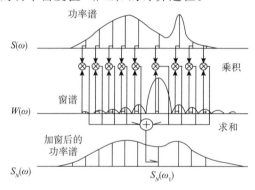

图 5.3　$s_N(\omega_1)$ 卷积计算示意图

(2)"平移"运算

通过"平移"运算得到 $s_N(\omega)$ 各个频点的功率密度。窗谱 $W(\omega)$ 在 ω 轴上"平移",重复上述"相乘求和"运算,由此得到整个功率谱估计 $s_N(\omega)$。随着 $W(\omega)$ 在 ω 轴上的"平移",$s(\omega)$ 任意一频点的功率密度值要和 $W(\omega)$ 所有频点的值相乘一次。也就是说,$s(\omega)$ 任意一个频点的值以窗谱 $W(\omega)$ 为加权函数被分散到 $s_N(\omega)$ 所有频点上。我们将这一过程称为窗函数的谱泄漏作用。

举一个极端的例子:假设随机序列的功率谱是 ω_0 处的线谱,如图 5.4a 所示,窗谱如图 5.4b 所示,那么由样本序列得到的功率谱不再是谱线,而是以 ω_0 为中心向两端泄漏的连续谱线,如图 5.4c 所示。

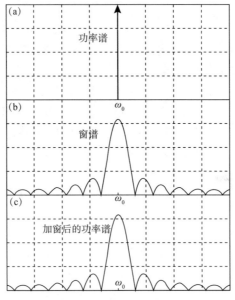

图 5.4 谱泄漏现象

　　窗谱的平均作用与泄漏作用其实是窗的卷积作用的不同表述。对窗的卷积作用应从两方面理解。站在 $s_N(\omega)$ 的角度,$s_N(\omega)$ 任意一频点的值都是 $s(\omega)$ 所有频点的值以窗谱为权重函数的平均,我们称其为平均。站在实际功率谱 $s(\omega)$ 的角度,我们称其为谱泄漏,$s(\omega)$ 任意一频点的值以窗谱为权重函数泄漏到 $s_N(\omega)$ 所有频点上。

　　窗谱由主瓣和副瓣构成,主瓣比副瓣高得多是其基本特征,所以窗的卷积作用,主瓣的贡献大,副瓣的贡献小。

　　主瓣的作用有利有弊。利处在于窗的平均作用可以减小功率谱估计的起伏,即减小估计方差。主瓣越宽,平均作用越强,功率谱估计的方差越小。弊处在于降低分辨率,主瓣越宽分辨率越低。

　　副瓣的作用有弊无利(对于功率谱估计问题而言)。尽管副瓣比主瓣低得多,但是不良影响多来自副瓣。副瓣给信号识别造成困难。一方面,容易误将副瓣当成信号,副瓣越高,越容易识别错误;另一方面,副瓣给弱信号识别带来困难,弱信号混在副瓣中,难于区分。

5.1.3　窗函数的构造与常见窗函数

1. 构造窗函数的基本方法

绝大部分窗函数是由简单函数或其组合构成。根据构成窗函数的基本函数,大致可以将窗函数进行如下的归类。

幂窗

采用幂函数 $w(n) = n^p$ 构成的窗,如零次幂是矩形窗,一次幂是三角形,以及由分段幂函数构成的梯形窗等。

三角函数窗

采用三角函数 $w(n) = \cos^p(\alpha n)$ 构成的窗,如汉宁(Hann)窗、海明(Hamming)窗。

指数窗

采用指数函数构成的窗,如高斯窗。

众多窗函数多由以上述基本函数为基础构造而成。在窗函数的构造过程中,"移相求和"以及"卷积"运算是构造新窗函数的基本手法。这里的"移相求和"是指:将简单窗函数进行移相、再相加得到新窗函数的运算。这里的"卷积"是指:由若干个简单窗函数通过卷积运算构成新窗的运算。另,通过卷积运算构成的窗又称为卷积窗。

2. 常见窗函数

这里介绍几类重要的窗函数,矩形窗、三角窗、Hamming 窗族、Blackman-Harris 窗族等。重点在于窗谱特性、窗的构造以及和其他窗函数的关系等。

不同场合对窗的原点的定义有所差异。采用傅里叶变换算法时,一般取窗的中点为原点;采用离散傅里叶变换(DFT)算法时,一般取窗的左端点为原点。原点的不同只是影响相位,窗谱没有变化。因为 DFT 是数字信号处理采用的方法,这里以窗的左端点为原点,n 的取值范围是从 0 到 $N-1$。

长度为 N 的序列的 DFT 的频率间隔为 $2\pi/N$,为此定义:$\Omega_B = 2\pi/N$(弧度单位)。窗的长度用 N 表示,窗的主瓣宽度记为 B_0。

窗谱函数 $W(\omega)$ 常用归一化的 dB 形式表示,即窗谱图的横坐标以 $2\pi/N$ 进行归一化频率表示,纵坐标采用 $10\lg(|W(\omega)/W(0)|)$ 的形式表示。

(1)矩形窗

窗函数:
$$w_R(n) = \begin{cases} 1, & n = 0,1,\cdots,N-1 \\ 0, & \text{其他} \end{cases} \tag{5.22}$$

窗谱：
$$W_R(\omega) = \frac{\sin(\omega N/2)}{\sin(\omega/2)} \tag{5.23}$$

主要参数：主瓣宽度 $2\Omega_B$，第一副瓣$-13\mathrm{dB}$，副瓣高度衰减速度$-6\mathrm{dB}$/倍频程。
窗函数及其窗谱图如图 5.5 所示。

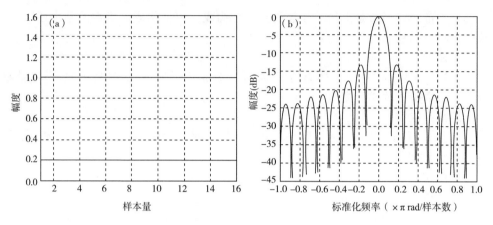

图 5.5　矩形窗函数(a)和窗谱(b)

窗谱特性：矩形窗是序列没有经过任何改变的截取自然形成的窗。在所有窗函数中，矩形窗是最简单的窗，宽度 N 是矩形窗的唯一参数。矩形窗的主瓣宽度是所有窗中最窄的，副瓣高度是所有窗中最高。最简单的也是最重要的，很多著名的窗是由矩形窗通过移相、求和、卷积等运算构成。另外，矩形窗的窗谱 $W_R(\omega)$ 是信号处理中广泛涉及的 Dirichlet(狄利克雷)核。

(2)三角窗(Bartlett 窗)

窗函数：
$$w(n) = \begin{cases} \dfrac{2n}{N-1}, & 0 \leqslant n \leqslant \dfrac{N-1}{2} \\[3mm] 2 - \dfrac{2n}{N-1}, & \dfrac{N-1}{2} \leqslant n \leqslant N-1 \end{cases} ,n = 0,1,\cdots,N-1 \tag{5.24}$$

窗谱：
$$W(\omega) = \left[\frac{\sin(\omega N/4)}{\sin(\omega/2)}\right]^2 \tag{5.25}$$

主要参数：主瓣宽度 $4\Omega_B$，第一副瓣$-26\mathrm{dB}$，副瓣高度衰减速度$-12\mathrm{dB}$/每倍频程。
窗函数及其窗谱图如图 5.6 所示。

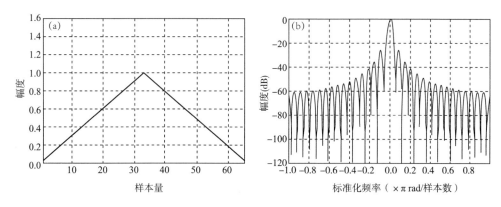

图 5.6　三角窗函数(a)和三角窗窗谱(b)

窗谱特性：三角窗是矩形窗的卷积，一个长度为 N 的三角窗是由长度为 $(N-1)/2$ 的矩形窗自身卷积构成。因为三角窗是矩形窗的卷积，所以三角窗的窗谱参数与矩形窗的窗谱参数之间存在 2 倍或 1/2 倍的关系。矩形窗的窗谱是 sinc 函数，三角窗的窗谱是 sinc 函数的平方。因此，三角窗的窗谱具有非负性质。另外，三角窗也称为 Bartlett 窗。

（3）Hann 窗

Hann 窗是奥地利气象学家 Julius von Hann 发明的非常著名的窗函数。

窗函数：

$$w(n) = \sin^2(\pi n/N),$$
$$n = 0,1,\cdots,N-1 \tag{5.26}$$

或

$$w(n) = 0.5[1 - \cos(2n\pi/N)],$$
$$n = 0,1,\cdots,N-1 \tag{5.27}$$

窗谱：

$$W(\omega) = 0.5W_R(\omega) + 0.25[W_R(\omega - 2\pi/N) + W_R(\omega + 2\pi/N)] \tag{5.28}$$

其中，$W_R(\omega) = \dfrac{\sin(\omega N/2)}{\sin(\omega/2)}$ 是矩形窗的窗谱。

主要参数：主瓣宽度 $4\Omega_B$；第一副瓣 $-31\mathrm{dB}$；副瓣高度衰减速度约为 $-18\mathrm{dB}/$倍频程。

窗函数及窗谱图如图 5.7 所示。

窗谱特性：

由(5.27)式，Hann 窗的窗函数形如：$w(t) = a\left[1 + \cos\left(\dfrac{2\pi t}{N}\right)\right]$，$-\dfrac{N}{2} \leqslant t \leqslant \dfrac{N}{2}$，其

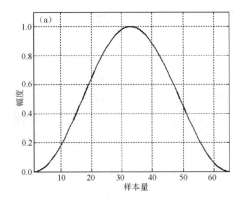 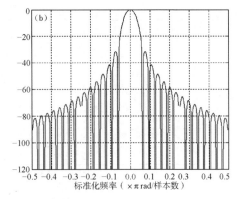

图 5.7　Hann 窗(a)和 Hann 窗谱(b)

傅立叶变换为

$$X(\omega) = FT[w(t)] = \int_{-N/2}^{N/2} a\left[1 + \cos\left(\frac{2\pi t}{N}\right)\right]e^{-j\omega t}\,dt$$

$$= a\int_{-N/2}^{N/2} e^{-j\omega t}\,dt + \frac{a}{2}\int_{-N/2}^{N/2} e^{j\frac{2\pi t}{N}-j\omega t}\,dt + \frac{a}{2}\int_{-N/2}^{N/2} e^{-j\frac{2\pi t}{N}-j\omega t}\,dt \tag{5.29}$$

上式中,第一项是幅度为 a 的矩形窗的窗谱,第二项是幅度为 $a/2$ 的矩形窗的窗谱相移 $2\pi/N$,第三项是幅度为 $a/2$ 的矩形窗的窗谱相移 $-2\pi/N$。可见,Hann 窗窗谱由三个矩形窗窗谱构成,如图 5.8 所示。为了便于叙述,我们将中间一个矩形窗记为 A_0,将两边的矩形窗分别记为 A_L 和 A_R,将 A_0,A_L,A_R 三者的合成记为 A。A_L 和 A_R 的幅度一样,都是 A_0 的一半。相对 A_0,A_L 和 A_R 分别向左、向右移相 $2\pi/N$。A_L 和 A_R 的中心分别处在 A_0 两边的第一个零点位置,A_0 在 $\pm 2\pi/N$ 为 0。这样的位置关系,使 A_L 和 A_R 的副瓣与 A_0 的副瓣位置相同、相位相反,形成副瓣对消。Hann 窗巧妙地利用了窗谱相位对消技术使副瓣大大降低。

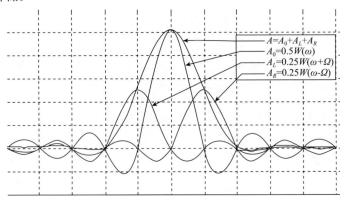

图 5.8　Hann 窗的构成

由(5.27)式,Hann 窗由矩形窗加上余弦函数构成,$w(n)=0.5w_R(n)-0.5\cos(2n\pi/N)$,所以,Hann 窗可视为(半周期的)余弦函数经矩形窗函数抬升构成的窗。我们将这类窗称为"升余弦"(Raised Cosine)窗。

在 Hann 窗的设计中,余弦函数抬升的结果是使窗谱始终保持正值,所以 Hann 窗的谱函数没有负值。

Hann 窗是矩形窗和余弦函数的组合。这种组合通过窗谱相位对消技术使副瓣大大降低,另外,通过矩形窗的抬升使窗谱始终保持正值。由此,使 Hann 窗性能优良。

Hann 窗的一种改进是加权 Bartlett 窗和 Hann 窗的线性组合,称为改进 Bartlett-Hann 窗。窗函数为

$$w(n+1)=0.62-0.48\left|\frac{n}{N-1}-0.5\right|+0.38\cos\left(2\pi\left(\frac{n}{N-1}-0.5\right)\right),0\leqslant n\leqslant N-1$$

(5.30)

Bartlett-Hann 窗的近副瓣低于 Bartlett 窗和 Hann 窗,而窗的主瓣宽度相对 Bartlett 窗或 Hann 窗的主瓣宽度并没有增加。

(4)Hamming 窗

窗函数:

$$w(n)=0.54-0.46\cos(2n\pi/N),n=0,1,\cdots,N-1 \qquad (5.31)$$

窗谱:

$$W(\omega)=\alpha W_R(\omega)+\beta W_R(\omega-\Omega_B)+\beta W_R(\omega+\Omega_B) \qquad (5.32)$$

其中参数 $\alpha=\frac{25}{46},\beta=\frac{1-\alpha}{2}$。

主要参数:主瓣宽度 $4\Omega_B$;第一副瓣约-42.76dB;副瓣高度衰减速度约-6dB/倍频程。

窗函数及窗谱图如图 5.9 所示。

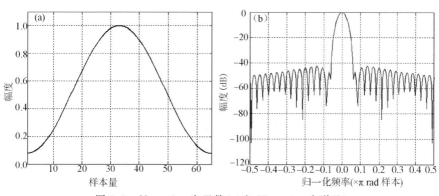

图 5.9　Hamming 窗函数(a)和 Hamming 窗谱(b)

窗谱特性：Hamming 窗与 Hann 窗差异很小，参数也很接近。Hamming 窗的主瓣宽度与 Hann 窗相同也是矩形窗的一倍。Hamming 窗的第一副瓣高度比 Hann 窗更低，这是 Hamming 窗的突出特点，但它的副瓣下降速度比 Hann 窗慢。

Hann 窗和 Hamming 窗的比较

有很多窗函数可以用半个周期的余弦函数的 m 次幂的形式表达，即用形如 $w(n) = \cos^m(n\pi/N)$ 的函数来表达，其中参数 m 取整数。例如：$m = 0$ 时为矩形窗，$m = 1$ 时为最简单的余弦窗，$m = 2$ 时为升余弦。这类窗函数的一个普遍特点是：随着整数 m 的增加，窗谱的副瓣下降、副瓣下降速度加快、主瓣加宽。Hann 窗是这类窗函数中 $m = 2$ 时的情况，Hamming 窗则是 Hann 窗的改进。Hann 窗和 Hamming 窗的窗函数可以统一写成

窗函数：

$$w_H(n) = w_R(n)\left[\alpha - 2\beta\cos\left(\frac{2\pi n}{N}\right)\right] \tag{5.33}$$

或

$$w(n) = \alpha w_R(n) + \beta e^{-j\Omega_M n} w_R(n) + \beta e^{j\Omega_M n} w_R(n) \tag{5.34}$$

窗谱：

$$W(\omega) = \alpha W_R(\omega) + \beta W_R(\omega - \Omega_B) + \beta W_R(\omega + \Omega_B) \tag{5.35}$$

其中，α 和 β 窗族的参数。调整 α 和 β 可以改变窗的性质。如果参数 α 和 β 分别取 $\alpha = 1/2$ 和 $\beta = 1/4$，则是 Hann 窗。如果参数 $\beta = \dfrac{1-\alpha}{2}$ 且 $\alpha = \dfrac{25}{46}$，则是 Hamming 窗。Hann 窗和 Hamming 窗都是矩形窗加余弦函数的升余弦窗，都是由三个 Dirichlet 核构成，其中两个矩形窗谱分别向前和向后相移 Ω_B 与中间的 Dirichlet 核形成副瓣对消。Hann 窗和 Hamming 窗的细微差别在于矩形窗与余弦函数的相对高度不同。Hann 窗和 Hamming 窗的窗函数分别为

$$w(n) = w_R(n)\left[0.5 - 0.5\cos(2n\pi/N)\right] \tag{5.36}$$

$$w(n) = w_R(n)\left[0.54 - 0.46\cos(2n\pi/N)\right] \tag{5.37}$$

比较它们矩形窗相对余弦函数的高度，Hamming 窗比 Hann 窗高出 0.08，矩形窗升高 0.04，同时余弦函数下降 0.04，总共比 Hann 窗高出 0.08。

Hamming 窗通过调整 Hann 窗中矩形窗相对余弦函数的高度，使第一副瓣深度对消。Hann 窗的第一副边瓣高度为 $-31\mathrm{dB}$，Hamming 窗的第一副边瓣高度约为 $-42.76\mathrm{dB}$，优于 Hann 窗约 $10\mathrm{dB}$。这样的改进对降低第一副瓣的效果是非常明显的。

因为相对 Hann 窗的上述改变，在窗的两端 Hamming 窗产生了不连续，有 0.08 的垂直下降，而 Hann 窗是连续的。这种不连续使得 Hamming 窗的窗谱的副瓣下降速度变慢，其渐近线下降速度约是 $-6\mathrm{dB}$ 每倍频程。

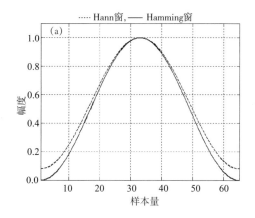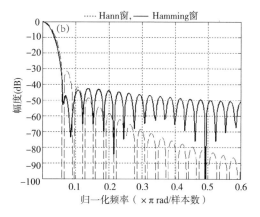

图 5.10　Hann 窗与 Hamming 窗函数(a)和窗谱(b)

（5）Blackman 窗族及 Blackman 窗

Hann 窗和 Hamming 窗是通过矩形窗谱平移、相加构造的窗。将这一窗口构造方法进一步扩展，可以考虑使用更多的矩形窗谱平移、相加来构造新的窗。考虑如下形式的窗：

$$w(n) = \sum_{m=0}^{N/2} (-1)^m a_m \cos(2mn\pi/N), m = 0,1,\cdots,N-1; n = 0,1,\cdots,N-1 \tag{5.38}$$

$$W(\omega) = \sum_{m=0}^{N/2} (-1)^m \frac{a_m}{2} \big[W_R(\omega - 2m\pi/N) + W_R(\omega + 2mn\pi/N)\big], \tag{5.39}$$
$$m = 0,1,\cdots,N-1; n = 0,1,\cdots,N-1$$

其中，系数 a_m 满足 $\sum_{m=0}^{N/2} a_m = 1$。当 a_0 和 a_1 不为 0 时，是我们前面介绍的 Hann 窗和 Hamming 窗。Hann 窗和 Hamming 窗采用三个矩形窗谱求和。为了得到更好的副瓣对消效果，可以增加求和的项数。譬如(5.39)式中，如果是 K 项非零系数，就有 $2K-1$ 个 Dirichlet 核相加。项数增加可以更彻底地对消副瓣，但主瓣宽度也会随之增加。折中考虑主瓣与副瓣利弊，取 $K=3$，这就是著名的 Blackman 窗。Blackman 窗族的窗函数为

$$w_B(n) = w_R(n)\big[\alpha_0 + \alpha_1 \cos(n\Omega_B) + \alpha_2 \cos(2n\Omega_B)\big] \tag{5.40}$$

Blackman 窗族采用两个余弦函数，所以 Blackman 窗族也称为二阶升余弦窗。其中系数的精确值为：$\alpha_0 = 0.42659071$，$\alpha_1 = 0.49656062$，$\alpha_2 = 0.07684867$，对应的窗称为精确 Blackman 窗。若取 $\alpha_0 = 0.42$，$\alpha_1 = 0.5$，$\alpha_2 = 0.08$，就是常用的一流的 Blackman 窗。

窗函数：

$$w(n+1) = 0.42 - 0.5\cos(\frac{2n\pi}{N-1}) + 0.08\cos(\frac{4n\pi}{N-1}), \quad n = 0,1,\cdots,N-1$$

$$(5.41)$$

窗谱：$N \gg 1$，

$$W(\omega) = 0.42 W_R(\omega) + 0.25[W_R(\omega - 2\pi/N) + W_R(\omega + 2\pi/N)] +$$
$$0.04[W_R(\omega - 4\pi/N) + W_R(\omega + 4\pi/N)] \quad (5.42)$$

主要参数：主瓣宽度 $B = 12\pi/N$；第一副瓣 -58dB；副瓣下降速度 18dB 每倍频程。

窗函数及窗谱图：

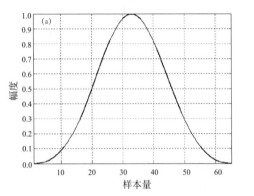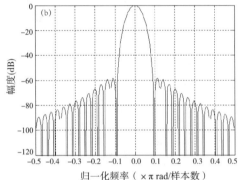

图 5.11　Blackman 窗函数(a)和窗谱(b)

窗谱特性：

Blackman 窗实现了非常低的副瓣。在 Blackman 窗族中（三项和）可以使副瓣达到 -67dB。如果不考虑主瓣宽度的加宽，仅希望副瓣更低，可以采用四项和，这就是 Blackman-Harris（BH）窗族。Blackman-Harris（BH）窗族：

$$w_B(n) = \alpha_0 - \alpha_1\cos(\Omega_B n) + \alpha_2\cos(2\Omega_B n) - \alpha_3\cos(2\Omega_B n)$$
$$n = 0,1,\cdots,N-1 \quad (5.43)$$

Blackman-Harris（BH）窗的副瓣可以达到 -92dB。

（6）凯泽窗（Kaiser）和切比雪夫窗（Chebyshev）

上述窗函数有一个共同的特点是：在抑制副瓣的同时增加了主瓣宽度。下面介绍具有特殊优点的 Kaiser 窗和 Chebyshev 窗。

Kaiser 窗是由零阶 Bessel 函数构成的一组可调的窗函数，窗函数为

$$w(n) = \frac{I_0(\gamma\sqrt{1-[n/(N-1)]^2})}{I_0(\gamma)}, \quad 0 \leqslant n \leqslant N-1 \quad (5.44)$$

$$\gamma = \begin{cases} 0, & B < 21 \\ 0.58(B-21)^{0.4} + 0.0789(B-21), & 21 \leqslant B \leqslant 50 \\ 0,11(B-8.7), & B > 50 \end{cases} \qquad (5.45)$$

其中,B 是峰值副瓣电平低于主瓣的 dB 值。参数 γ 用于调整主瓣宽度和副瓣高度,(5.45)式是 γ 的近似值。$I_0(\gamma)$ 是零阶改进第一类 Bessel 函数。

在固定窗口的设计中,凯泽窗是经常被选择的对象,因为凯泽窗是近乎最优窗口。在具有相同的主瓣宽度的固定窗中,Kaiser 窗具有较低的副瓣电平。凯泽窗的主瓣能量和副瓣能量的比例近乎是最大的。而且,凯泽窗可以自由选择主瓣宽度和副瓣高度之间的比例。

Chebyshev(切比雪夫窗)

切比雪夫窗突出的特点是:副瓣具有相同的高度,如图 5.12。并且,对于给定的副瓣高度,切比雪夫窗的主瓣宽度最小。但是,切比雪夫窗在边沿的采样点有尖峰。

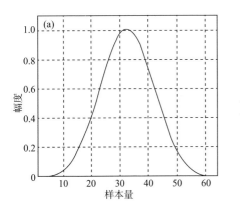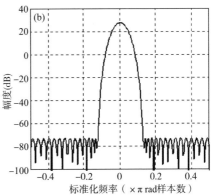

图 5.12　Chebyshev 窗函数(a)和窗谱(b)

5.2 经典功率谱估计

经典功率谱估计方法包括周期图（periodogram）法、相关图（correlogram）法及其改进方法。周期图法依据 Parseval 定理，直接对时间序列进行傅里叶变换，再取模平方得到功率谱估计。因为是直接由样本序列得到功率谱，所以又称为直接法，并将得到的功率谱估计称为周期图。自相关图法依据 Wiener-Khinchin 定理，先用样本序列估计随机过程的自相关函数序列，再对估计的自相关函数序列进行傅里叶变换得到功率谱估计。因为是通过自相关序列得到功率谱，所以又称为间接法，并将得到的功率谱估计称为相关图。周期图改进方法是针对周期图估计方差大而提出的一些降低估计方差的方法。

经典功率谱估计是基于傅里叶变换估计方法。因为有快速傅里叶变换（FFT）算法可以利用，所以运算效率高。特别是在需要实时处理的场合，经典功率谱估计仍然是广泛采用的方法。另外，经典功率谱估计不需要随机序列的任何先验或后验知识，计算方法简单。经典功率谱估计是优点和缺点都突出的方法。计算方法简单、运算效率高是其突出的优势，估计方差大、分辨率低是其突出的问题。

本节介绍经典功率谱估计，包括周期图和相关图算法、自相关序列估计、估计性能分析和估计方法改进等内容。

5.2.1 周期图和相关图

1. 周期图

周期图功率谱估计的理论基础是 Parseval 定理。若随机序列 $X = \{X(n), n \in \mathbf{R}\}$，$-\infty < n < \infty$，绝对可积且平方可积，那么 X 存在功率谱。根据 X 的有限长样本序列定义的功率谱为 $s(\omega) = \lim_{N \to \infty} E\left(\dfrac{1}{N} |X_N(\omega)|^2\right)$。其中，$X_N(\omega)$ 是有限长样本序列 $x_N(n)$ 的傅里叶变换，N 为序列长度。

周期图的算法是直接求有限长样本序列 $x_N(n)$ 的傅里叶变换，然后取模平方，再除以样本序列长度 N，以此作为 X 的功率谱估计。计算公式为

$$\hat{s}_p(\omega) = \frac{1}{N} |X_N(\omega)|^2 = \frac{1}{N} \left| \sum_{n=0}^{N-1} x_N(n) e^{-j\omega n} \right|^2 \tag{5.46}$$

这里 $\hat{s}_p(\omega)$ 特指是用周期图法得到的功率谱估计，并称其为周期图。

对比功率谱的定义和周期图算法，在周期图算法中没有针对样本空间的集合平均，也没有进行时间平均。周期图 $\hat{s}_p(\omega)$ 是有限长、单一样本序列的功率谱，所以 $\hat{s}_p(\omega)$ 是随机函数。平稳序列的功率谱 $s(\omega)$ 是确定函数，$\hat{s}_p(\omega)$ 是随机函数，以 $\hat{s}_p(\omega)$

作为随机序列功率谱的估计,显然是随机性很大的粗略估计。估计方差完全取决于随机序列的随机性。根据功率谱的定义,为了获取好的估计,一定要进行集合平均。对于平稳序列,集合平均用时间平均替代。

2. 相关图

相关图功率谱估计的理论基础是 Wiener-Khinchin 定理。Wiener-Khinchin 定理指出:随机序列的功率谱是随机序列自相关函数的傅里叶变换,即

$$s(\omega) = \sum_{k=-\infty}^{\infty} r(k) e^{-jk\omega}.$$

相关图法是先用样本序列 $x_N(n)$ 估计自相关函数序列,再求自相关函数估计的傅里叶变换,得到随机序列的功率谱估计。计算公式为

$$\hat{s}_c(\omega) = \sum_{k=-M}^{M} \hat{r}(k) e^{-jk\omega}, \; |k| \leqslant N-1 \tag{5.47}$$

这里 $\hat{s}_c(\omega)$ 特指是用相关图法得到的功率谱估计,称为相关图。$\hat{r}(k)$ 是由样本序列 $x_N(n)(n=1,2,\cdots,N)$ 估计的自相关函数序列,k 是自相关函数的延迟量。

5.2.2　自相关函数估计

1. 自相关函数的两种估计算法

随机序列 $\{x(n)\}$ 的自相关函数定义为 $r(k) = E[x(n)x^*(n-k)]$,$k=0,1,\cdots,$ $N-1$。其中,$E(\cdot)$ 是针对样本空间的期望运算符。自相关函数为偶函数,即 $r(-k) = r^*(k)$,负延迟部分可利用自相关函数偶函数的性质得到,"$*$"表示复共轭。若 $\{x(n)\}$ 是实过程,则"$*$"可以去掉。

自相关函数序列有两种标准估计方法,分别是

$$\hat{r}_1(k) = \frac{1}{N-k} \sum_{n=0}^{N-k-1} x_N^*(n) x_N(n+k), \quad 0 \leqslant k \leqslant N-1 \tag{5.48}$$

$$\hat{r}_2(k) = \frac{1}{N} \sum_{n=0}^{N-k-1} x_N^*(n) x_N(n+k), \quad 0 \leqslant k \leqslant N-1 \tag{5.49}$$

可见,两种估计算法都进行了求和平均运算。并且是以时间平均代替了样本空间的集平均。当序列长度为 N 时,延迟量 k 的变化范围是 $k=0,1,\cdots,N-1$。可以求和平均的次数和延迟量有关,随延迟量的增加可以求和平均的次数线性减少。自相关序列的估计效果与延迟的大小有很大关系。延迟少的自相关估计效果好,延迟多的自相关的估计效果差。随延迟的增加,自相关序列估计效果越来越差。

两种估计算法的区别仅在于分母的不同。$\hat{r}_1(k)$ 的分母随延迟量 k 变化,$\hat{r}_2(k)$

的分母不随延迟量 k 变化,始终等于序列长度 N。

两种自相关函数估计算法的关系为

$$\hat{r}_2(k) = \frac{N-|k|}{N}\hat{r}_1(k) \tag{5.50}$$

令 $w_B(k) = \frac{N-|k|}{N}$,则

$$\hat{r}_2(k) = w_B(k)\hat{r}_1(k) \tag{5.51}$$

因为 $w_B(k)$ 是一个三角窗函数,所以 $\hat{r}_2(k)$ 相当于 $\hat{r}_1(k)$ 乘上一个三角窗函数后的结果。

2. 估计性质

根据(5.51)式,可以方便地比较两种估计方法的估计性质。

均值

$$E[\hat{r}_1(k)] = \frac{1}{N-k}\sum_{n=0}^{N-k-1}E[x_N^*(n)x_N(n+k)] = r(k) \tag{5.52}$$

$$E[\hat{r}_2(k)] = E[w_B(k)\hat{r}_1(k)] = w_B(k)r(k) \tag{5.53}$$

所以 $\hat{r}_1(k)$ 是 $r(k)$ 的无偏估计,$\hat{r}_2(k)$ 是 $r(k)$ 的有偏估计。因为 $\lim\limits_{N\to\infty}(N-|k|)/N=1$,$\lim\limits_{N\to\infty}E[\hat{r}_2(k)]=r(k)$,所以 $\hat{r}_2(k)$ 是 $r(k)$ 的渐近无偏估计。

方差   记 $\hat{r}_1(k)$ 和 $\hat{r}_2(k)$ 的估计方差分别为 $\mathrm{Var}[\hat{r}_1(k)]$ 和 $\mathrm{Var}[\hat{r}_2(k)]$,根据 $\hat{r}_1(k)$ 和 $\hat{r}_2(k)$ 的关系式(5.51)式显然有

$$\mathrm{Var}[\hat{r}_2(k)] = w_B^2(k)\mathrm{Var}[\hat{r}_1(k)] = \left(\frac{N-|k|}{N}\right)^2\mathrm{Var}[\hat{r}_1(k)] \tag{5.54}$$

因为 $\frac{N-|k|}{N}\leqslant 1$,所以总有

$$\mathrm{Var}[\hat{r}_2(k)] < \mathrm{Var}[\hat{r}_1(k)] \tag{5.55}$$

一致性   根据方差公式,$\hat{r}_1(k)$ 的估计方差为 $\mathrm{Var}[\hat{r}_1(k)]=E[\hat{r}_1^2(k)]-E^2[\hat{r}_1(k)]$。其中,$E[\hat{r}_1(k)]=r(k)$,$E[\hat{r}_1^2(k)]$ 项为

$$E[\hat{r}_1^2(k)] = \frac{1}{(N-k)^2}\sum_{n=0}^{N-k-1}\sum_{m=0}^{N-k-1}E[x_N(n)x_N(n+k)x_N(m)x_N(m+k)] \tag{5.56}$$

因为 $x_N(n)=x(n)$,$x_N(m)=x(m)$,$n=0,1,\cdots,N-1$,$m=0,1,\cdots,N-1$。

所以

$$E[\hat{r}_1^2(k)] = \frac{1}{(N-k)^2}\sum_{n=0}^{N-k-1}\sum_{m=0}^{N-k-1}E[x(n)x(n+k)x(m)x(m+k)] \tag{5.57}$$

其中,$E[x(n)x(n+k)x(m)x(m+k)]$ 是随机序列 $\{x(n)\}$ 的四阶矩。

如果 $\{x(n)\}$ 是零均值、高斯过程,那么有如下的公式可以用低阶矩表示高阶矩。

$E[x_1x_2x_3x_4] = E[x_1x_2]E[x_3x_4] + E[x_1x_3]E[x_2x_4] + E[x_1x_4]E[x_2x_3]$,所以
(5.57)式中的四阶矩可以展开为

$$E[x(n)x(n+k)x(m)x(m+k)] = r^2(k) + r^2(m-n) + r(m-n-k)r(m-n+k)$$
$$\tag{5.58}$$

将(5.58)式代回(5.57)式,有

$$
\begin{aligned}
E[\hat{r}_1^2(k)] &= \frac{1}{(N-k)^2} \sum_{n=0}^{N-k-1}\sum_{m=0}^{N-k-1} \left[r^2(k) + r^2(m-n) + r(m-n-k)r(m-n+k) \right] \\
&= r^2(k) + \frac{1}{(N-k)^2} \sum_{n=0}^{N-k-1}\sum_{m=0}^{N-k-1} \left[r^2(m-n) + r(m-n-k)r(m-n+k) \right] \\
&= r^2(k) + \frac{1}{(N-k)^2} \sum_{n=0}^{N-k-1}\sum_{m=0}^{N-k-1} \left[r^2(m-n) + r(m-n-k)r(m-n+k) \right]
\end{aligned}
$$
$$\tag{5.59}$$

令 $m-n=s$,因为

$$
\begin{aligned}
&\sum_{n=0}^{N-|k|-1}\sum_{m=0}^{N-|k|-1} \left[r^2(m-n) + r(m-n-k)r(m-n+k) \right] \\
&= \sum_{s=-(N-|k|-1)}^{N-|k|-1} (N-|k|-|s|) \left[r^2(s) + r(s-k)r(s+k) \right]
\end{aligned}
$$

所以上式可化为

$$E[\hat{r}_1^2(k)] = r^2(k) + \frac{1}{N-|k|} \sum_{s=-(N-|k|-1)}^{N-|k|-1} \left(1 - \frac{|s|}{N-|k|} \right) \left[r^2(s) + r(s-k)r(s+k) \right]$$
$$\tag{5.60}$$

所以

$$\mathrm{Var}[\hat{r}_1(k)] = \frac{1}{N-|k|} \sum_{s=-(N-|k|-1)}^{N-|k|-1} \left(1 - \frac{|s|}{N-|k|} \right) \left[r^2(s) + r(s-k)r(s+k) \right]$$
$$\tag{5.61}$$

由(5.61)式有 $\lim\limits_{N\to\infty} \mathrm{Var}[\hat{r}_1(k)] = 0$,所以 $\hat{r}_1(k)$ 是 $r(k)$ 的一致估计。因为恒有 $\mathrm{Var}[\hat{r}_2(k)] < \mathrm{Var}[\hat{r}_1(k)]$,所以,$\hat{r}_2(k)$ 也是 $r(k)$ 的一致估计。可以看出,$\hat{r}_1(k)$ 的估计方差随延迟量的增加而增加,当 $|k| \to N$ 时,估计方差很大。

总结两种自相关函数估计方法,它们分别是自相关函数的无偏估计和渐近无偏估计,两种估计方法都是自相关函数的一致估计。

在自相关函数的两种估计中,$\hat{r}_2(k)$ 是半正定的,$\hat{r}_1(k)$ 则不一定。对于功率谱估计,保证自相关函数序列的估计是半正定的,这一点特别重要。因为如果一个样本的自相关序列不是正定的,进行功率谱计算时,可能出现负的功率谱估计。

5.2.3　周期图法和相关图法的关系

周期图法和相关图法,两种估计功率谱算法等价。两种算法可以相互导出。下面是由周期图算法导出相关图算法。将周期图算法(5.46)式展开,得

$$\hat{s}_p(\omega) = \frac{1}{N} \mid X_N(\omega) \mid^2 = \frac{1}{N} \left| \sum_{n=0}^{N-1} x_N(n) e^{-j\omega n} \right|^2 = \frac{1}{N} \sum_{p=0}^{N-1} \sum_{q=0}^{N-1} x_N(p) x_N^*(q) e^{-j\omega(p-q)}$$

其中,"$*$"表示复共轭。令 $p-q=k$,则

$$\hat{s}_p(\omega) = \sum_{k=-(N-1)}^{N-1} \left(\frac{1}{N} \sum_{q=0}^{N-1} x_N(q+k) x_N^*(q) \right) e^{-j\omega k}$$

令 $\hat{r}(k) = \frac{1}{N} \sum_{q=0}^{N-1} x_N(q+k) x_N^*(q)$,则

$$\hat{s}_p(\omega) = \sum_{k=-(N-1)}^{N-1} \hat{r}(k) e^{-j\omega k} = \hat{s}_c(\omega)$$

同样,也可以由相关图算法导出周期图算法。在序列长度相同、自相关函数采用渐近无偏估计的条件下,周期图与相关图等价。

5.2.4　功率谱估计性能分析

下面对周期图和相关图的估计偏差和方差进行分析,以期理解造成估计性能不理想的原因,清楚改善估计性能的途径。

1.估计均值(偏差性)

在周期图算法(5.46)式中,样本序列 $x_N(n)$ 是原序列 $x(n)$ 的自然截取。根据自然截取序列与其原序列的关系,有

$$\hat{s}(\omega) = \frac{1}{N} \sum_{k=-\infty}^{\infty} \sum_{n=-\infty}^{\infty} w_R(n) w_R(n+k) x(n+k) x^*(n) e^{-j\omega k} \tag{5.62}$$

其中,$w_R(n)$ 是长度为 N 的矩形窗。令 $w_B(k) = \frac{1}{N} \sum_{n=-\infty}^{\infty} w_R(n) w_R(n+k)$,$w_B(k)$ 是矩形窗的自相关,为三角窗函数。(5.62)式化为

$$\hat{s}(\omega) = \sum_{k=-\infty}^{\infty} w_B(k) x(n+k) x^*(n) e^{-j\omega k} \tag{5.63}$$

对(5.63)式两边取期望得

$$E[\hat{s}(\omega)] = \sum_{k=-\infty}^{\infty} w_B(k) E[x(n+k) x^*(n)] e^{-j\omega k} \tag{5.64}$$

因为 $r(k) = E[x(n+k) x^*(n)]$,所以

$$E[\hat{s}(\omega)] = \sum_{k=-\infty}^{\infty} w_B(k) r(k) e^{-j\omega k} \tag{5.65}$$

令 $W_B(\omega)$ 为 $w_B(k)$ 的傅里叶变换,因为 $s(\omega)=\sum\limits_{k=-\infty}^{\infty}r(k)\mathrm{e}^{-\mathrm{j}\omega k}$,所以根据卷积定理,有

$$E[\hat{s}(\omega)]=W_B(\omega)*s(\omega)=\frac{1}{2\pi}\int_{-\infty}^{\infty}W_B(\theta)*s(\omega-\theta)\mathrm{d}\theta \tag{5.66}$$

其中,$W_B(\omega)$ 为三角窗 $w_B(k)$ 的傅里叶变换,即三角窗 $w_B(k)$ 的窗谱:

$$W_B(\omega)=\sum_{k=-(N-1)}^{N-1}\frac{N-|k|}{N}\mathrm{e}^{-\mathrm{j}\omega k}=\frac{1}{N}\left|\frac{\sin(\omega N/2)}{\sin(\omega/2)}\right|^2 \tag{5.67}$$

因为 $\lim\limits_{N\to\infty}W_B(\omega)=\delta(\omega)$,所以,对(5.66)式两边取极限有

$$\lim_{N\to\infty}E[\hat{s}(\omega)]=s(\omega) \tag{5.68}$$

根据以上对周期图和相关图估计均值的分析,可以得出以下结论:周期图是功率谱的有偏估计。因为 $\lim\limits_{N\to\infty}E[\hat{s}(\omega)]=s(\omega)$,所以周期图是功率谱的渐近无偏估计。

2. 估计方差(一致性)

分析周期图的估计方差时,我们从两个频点的估计值 $\hat{s}_p(\omega_1)$ 和 $\hat{s}_p(\omega_2)$ 的协方差 $\mathrm{Cov}[\hat{s}_p(\omega_1),\hat{s}_p(\omega_2)]$ 入手,然后令 $\omega_1=\omega_2$ 得到周期图的方差表达式。为了方便,在下面推导过程中省略下标。$\hat{s}_p(\omega_1)$ 和 $\hat{s}_p(\omega_2)$ 的协方差为:

$$\mathrm{Cov}[\hat{s}(\omega_1),\hat{s}(\omega_2)]=E[\hat{s}(\omega_1)\hat{s}(\omega_2)]-E[\hat{s}(\omega_1)]E[\hat{s}(\omega_2)] \tag{5.69}$$

其中,

$$E[\hat{s}(\omega_1)\hat{s}(\omega_2)]=\frac{1}{N^2}\sum_{n=0}^{N-1}\sum_{m=0}^{N-1}\sum_{k=0}^{N-1}\sum_{l=0}^{N-1}E[x(n)x^*(m)x(k)x^*(l)]\mathrm{e}^{-\mathrm{j}\omega_1(n-m)}\mathrm{e}^{-\mathrm{j}\omega_2(k-l)} \tag{5.70}$$

其中,$E[x(n)x^*(m)x(k)x^*(l)]$ 是随机序列 $x(n)$ 的四阶矩。上式计算遇到随机序列的四阶矩,对于一般的随机序列,四阶矩的计算比较复杂。为了简便起见,假定随机序列是均值为零、方差为 σ_n^2 高斯白噪声。对于高斯分布序列,高阶矩可以用低阶矩表示,四阶矩可以分解成

$$E(X_1X_2X_3X_4)=E(X_1X_2)E(X_3X_4)+E(X_1X_3)E(X_2X_4)+E(X_1X_4)E(X_2X_3) \tag{5.71}$$

将(5.71)式代入(5.70)式,得

$$E[\hat{s}(\omega_1)\hat{s}(\omega_2)]=\sigma_n^4+\frac{\sigma_n^4}{N^2}\left\{\frac{\sin[N(\omega_1-\omega_2)/2]}{\sin[(\omega_1-\omega_2)/2]}\right\}^2+\frac{\sigma_n^4}{N^2}\left\{\frac{\sin[N(\omega_1+\omega_2)/2]}{\sin[(\omega_1+\omega_2)/2]}\right\}^2 \tag{5.72}$$

令 $\omega_1=\omega_2=\omega$,且 $\omega\neq0$ 或 $\omega\neq\pi$,则

$$E[\hat{s}^2(\omega)]=2\sigma_n^4+\frac{\sigma_n^4}{N^2}\left\{\frac{\sin[N(\omega)]}{\sin(\omega)}\right\}^2 \tag{5.73}$$

对于均值为零、方差为 σ_n^2 高斯白噪声

$$\lim_{N\to\infty} E[\hat{s}(\omega)] = \sigma_n^2 \qquad (5.74)$$

所以 $\hat{s}(\omega)$ 方差为

$$\text{Var}[\hat{s}(\omega)] = \sigma_n^4 + \frac{\sigma_n^4}{N^2}\left\{\frac{\sin[N(\omega)]}{\sin(\omega)}\right\}^2 \qquad (5.75)$$

所以

$$\lim_{N\to\infty} \text{Var}[\hat{s}(\omega)] = \sigma_n^4 \qquad (5.76)$$

因为 $\lim\limits_{N\to\infty} \text{Var}[\hat{s}(\omega)] = (\sigma_n^2)^2 \neq 0$，所以无论 N 取何值 $\text{Var}[\hat{s}(\omega)]$ 总是和 σ_n^2 的平方同量级。如图 5.13 所示，增加样本长度不会减小估计方差。虽然该结论是在高斯白噪声过程条件下导出的，但是对于其他分布仍有"周期图功率谱估计方差和功率谱自身方差的平方同量级"的结论。所以周期图不是功率谱的一致估计。

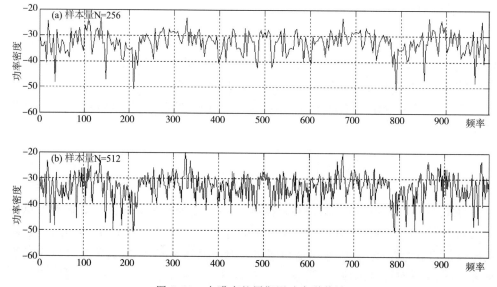

图 5.13　白噪声的周期图功率谱估计

周期图法直接对观测样本进行傅里叶变换得到功率谱估计，相关图法先用观测样本估计自相关函数，再进行傅里叶变换得到功率谱估计。两种算法等价，可以相互导出。

周期图和相关图都是功率谱的渐近无偏估计，但不是功率谱的一致估计。估计方差始终不小于过程自身方差。

周期图法功率谱估计，即使样本序列长度 N→∞，也是由一次样本序列得到的功率谱估计。因为没有进行任何统计平均，所以得到的功率谱估计仍然是随机函数，

并不是统计平均函数,所以周期图法不是功率谱估计的一致估计方法。

增加样本长度不会减小估计方差。但是,它可以提高功率谱的分辨率,如图 5.13 所示。经典功率谱估计的分辨率和序列长度成正比。

相关图法功率谱估计,自相关函数是一致估计,功率谱却不是一致估计。自相关函数的估计方法有两种,一种是无偏的,一种是渐近无偏的,两者都是自相关函数的一致估计,因为在对自相关函数进行估计时,进行了求和平均运算。但是,随着延迟的增加,求和平均次数线性减小。序列长度 N 一定时,对于延迟 k,只能进行 $N-k-1$ 次平均。随着延迟的增加,求和平均次数越来越小,估计方差越来越大。因为自相关函数的估计方差不收敛,所以用估计的自相关函数经傅里叶变换求功率谱时,功率谱的估计方差也不收敛,所以相关图法功率谱估计也不是一致估计。

5.2.5　功率谱估计的改进

周期图法中,以单一样本功率谱作为过程功率谱估计,没有针对样本空间的平均运算,这是导致周期图法功率谱估计方差大的根本原因,也是周期图法不是功率谱的一致性估计的原因。不论数据序列取多长,估计方差总和过程方差的平方同量级(对于零均值过程)。

为了改善周期图法功率谱估计的方差特性,提出了一些改进方法。平均是降低方差的简便办法。平均可以在一个功率谱的频率间进行,也可以是在多个功率谱间进行。这里分别称为"频间"平均和"谱间"平均。改进办法不外乎是在"频间"、"谱间"增加平均机制。

本小节介绍实用的 Blackman-Tukey(布莱克曼—图基)方法,Bartlet(巴利特)方法和 Welch(P.O.韦尔奇)方法。这些方法是对周期图或相关图的改进。

1. Blackman-Tukey 方法(BT 法)

布莱克曼(R.B.Blackman)和图基(J.W.Tukey)于 1958 年在相关图方法的基础上提出了功率谱估计的实用方法,简称为 BT 法。BT 法的计算分两步,先用样本序列估计自相关函数序列,再对自相关函数序列进行加窗傅里叶变换得到功率谱估计。在 1965 年快速傅里叶变换算法(FFT)问世前,BT 法是最流行的功率谱估计方法。

在相关图方法中,当样本序列长度一定时,自相关函数 $r(\tau)$ 的估计误差随延迟量 τ 的增加而增加。当延迟接近序列长度时,自相关函数的估计变得非常差。如果不对自相关函数进行约束,将估计方差大的自相关函数值同样代入傅里叶变换,必然导致功率谱估计质量变差。

BT 法通过窗函数对自相关函数进行约束,删除或减小延迟量大的自相关函数的作用,达到提高功率谱估计质量的目的。具体做法是采用自相关函数的加窗傅里叶变换。

在用样本序列得到自相关序列的估计后,相关图算法是:$\hat{s}_c(\omega) = \sum\limits_{\tau=-M}^{M} \hat{r}(\tau) e^{-j\tau\omega}$,
BT 法是:$\hat{s}_{BT}(\omega) = \sum\limits_{\tau=-M}^{M} w(\tau) \hat{r}(\tau) e^{-j\tau\omega}$。其中,$\hat{r}(\tau)$ 是由样本序列估计的自相关序列,$w(\tau)$ 是窗函数。因此,BT 法和相关图法的关系为

$$\hat{s}_{BT}(\omega) = W(\omega) * \hat{s}_c(\omega) \tag{5.77}$$

其中,$W(\omega)$ 是 $w(\tau)$ 的窗谱。即 BT 法得到的功率谱等于窗谱与相关图的卷积。卷积具有平滑作用,故 $\hat{s}_{BT}(\omega)$ 总比 $\hat{s}_c(\omega)$ 平滑。换言之,BT 法之所以能够减小功率谱估计方差,是因为 BT 法用窗函数在功率谱内进行了频间平均。

2. Bartlet 方法

Bartlet 方法的基本思想是谱平均。周期图算法没有谱平均机制导致估计方差大,Bartlet 方法引入谱平均以降低估计方差。

其做法是将样本序列划分成长度相同、互不重叠的若干段,每段数据采用周期图的做法估计功率谱,再将各段得到的功率谱进行平均,得到一个平均功率谱估计。

设序列 $x(n)$ 长度为 $N(n=0,1,\cdots N)$,将 $x(n)$ 分成互不重叠的 M 段,则每段的数据长度是 $L=N/M$。记 $l(=1,\cdots,L)$ 为每段中数据序号,$m(=1,\cdots,M)$ 为段序号,$x_m(l)$ 为第 m 段的第 l 个数据,那么,Bartlet 方法功率谱估计为

$$\hat{s}_B(\omega) = \frac{1}{M} \sum_{m=1}^{M} (\hat{s}_m(\omega)) \tag{5.78}$$

$$\hat{s}_m(\omega) = \frac{1}{L} \left| \sum_{l=1}^{L} x_m(l) e^{-j\omega l} \right|^2$$

图示如下:

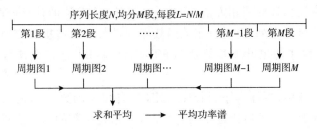

图 5.14　Bartlet 方法

Bartlet 方法估计性能

方差

Bartlet 方法将长度为 N 的序列分成每段长度为 L 的 M 段。每段按周期图计算功率谱,再将 M 个功率谱进行平均。

如果各段数据相互独立,那么功率谱估计方差将减少 M 倍,即

$$\mathrm{Var}(\hat{s}_B(\omega)) = \frac{1}{M}\mathrm{Var}(\hat{s}_m(\omega))$$

其中,$\hat{s}_B(\omega)$ 是 Bartlet 功率谱估计,$\hat{s}_m(\omega)$ 是周期图功率谱估计,M 是段数。

分辨率

功率谱分辨率和数据长度成正比,Bartlet 方法的分辨率比周期图降低 M 倍。

偏差性

$$E[\hat{s}_B(\omega)] = \frac{1}{M}\sum_{m=1}^{M}E[\hat{s}_m(\omega)] = E[\hat{s}_m(\omega)]$$

Bartlet 法估计均值等于周期图法估计均值,所以 Bartlet 法仍然是渐近无偏估计。

一致性

因为 $\mathrm{Var}(\hat{s}_B(\omega)) = \frac{1}{M}\mathrm{Var}(\hat{s}_m(\omega))$,又因 $\lim\limits_{M\to\infty}\mathrm{Var}(\hat{s}_B(\omega)) = 0$,所以 Bartlet 估计是功率谱的(渐近)一致估计。

3. Welch 方法

Welch(1967 年)提出的方法是对 Bartlett 方法的进一步改进。改进之处有两点:(1)Bartlett 方法是对观测序列进行不重叠的分段,而 Welch 方法允许相邻数据段有部分重叠;(2)在求每段功率谱时,Welch 方法使用了加窗傅里叶变换。

如果数据序列总长度为 N,以重叠率为 α 进行分段,每段长度为 L,那么可以分 $M = \dfrac{N - L\alpha}{L(1-\alpha)}$ 段。设序列 $x(n)$ 长度为 $N(n=0,1,\cdots N-1)$,将 $x(n)$ 分成有重叠的 M 段,记 $m(=1,\cdots,M)$ 为数据段序号;每段数据长度为 L,记 $l(=1,\cdots,L)$ 为每段数据中数据序号;记 $x_m(l)$ 为第 m 段中的第 l 个数据,如图 5.15 所示。

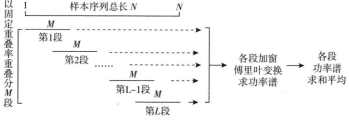

图 5.15　Welch 方法

Welch 方法的步骤是采用加窗傅里叶变换估计每段功率谱：

$$\hat{s}_m(\omega) = \frac{1}{LP}\left|\sum_{l=1}^{L} w(l)x_m(l)e^{-j\omega l}\right|^2, m=1,\cdots,M \tag{5.79}$$

其中，$P=\dfrac{1}{L}\sum\limits_{l=1}^{L}|w(l)|^2$，其意义是通过窗函数 $w(l)$ 的"平均功率"。引入参数 P 的目的是为了保证 Welch 功率谱估计是渐近无偏估计。

再对各段功率谱估计进行平均，得到序列的功率谱估计

$$\hat{s}_W(\omega) = \frac{1}{M}\sum_{m=1}^{M}\hat{s}_m(\omega) \tag{5.80}$$

Welch 法允许重叠分段，在同样数据长度下可以分成更多的段，谱平均次数增加，功率谱估计方差得到降低。Welch 法在一定程度上可以调控估计方差和分辨率特性。

在每段估计中，引入了窗函数。窗函数减小了每段靠近两端数据的作用，使相邻段彼此相关性较低，即窗函数具有"去相关"作用。"去相关"作用有利于各段功率谱平均。

Welch 方法是将"功率谱频率间平均"和"功率谱间平均"两种平均方法结合起来的改进方法。Welch 方法的优点是对窗函数没有特殊要求，无论什么样的窗函数均可以使功率谱估计非负。Welch 方法是渐近无偏、一致功率谱估计方法。

4. Nuttall 方法

Welch 方法对观测序列采用了重叠分段的方法，而且求每段功率谱时采用了非矩形窗函数，这就增加了 FFT 的次数，因此 Welch 方法的计算量比较大。Nuttall 方法采用和 Bartlett 方法相同的不重叠分段方法，求每段功率谱时采用矩形窗函数，得到平均功率谱，这与 Bartlett 方法相同。对平均功率谱进行傅里叶反变换，得到自相关函数。再对自相关函数进行加窗傅里叶变换得到最后的功率谱估计。

Nuttall 方法的前两步就是 Bartlett 方法。求得自相关函数后，再进行加窗变换相当于又进行了一次频间平均。如果所加窗函数的频谱为 $W(\omega)$，Nuttall 方法的功率谱估计可以表示为：$E[\hat{s}_N(\omega)]=s(\omega)*W_B(\omega)*W(\omega)$。根据 Nuttall 方法估计功率谱的步骤，Nuttall 方法是周期图法和相关图法的结合。

5. Daniell 方法

Daniell 方法是功率谱内频率间滑动平均的方法，可表示成：$\hat{s}_D(\omega_k)=\dfrac{1}{2J+1}\sum\limits_{i=k-J}^{k+J}\hat{s}_p(\omega_i)$。

其中，$2J+1$ 为滑动平均点数，$\omega_k=\dfrac{2\pi}{\tilde{N}}k$，$k=0,1,\cdots,\tilde{N}-1$，$\tilde{N}$ 的选取远大于数据长度

N，平均区间为 $\left(\omega_k - \dfrac{2\pi}{N}J , \omega_k + \dfrac{2\pi}{N}J\right)$。功率谱内频率间滑动平均算法本质是增加了窗函数的作用，所以 Daniell 方法是 Blackman-Tukey 方法的特例。

上述改进方法针对纯周期图和相关图算法缺陷增加了平均机制。平均机制有"频间"平均和"谱间"平均两种。"频间"平均是功率谱内频率间进行的平均，"谱间"平均是多个功率谱的平均。"频间"平均的具体做法是引入窗函数，窗谱对功率谱具有频率间"滑动平均"作用。"谱间"平均的具体做法是分段，将长序列分成若干段，求各段功率谱再进行平均。

Bartlet 法是谱间平均的方法。Bartlet 功率谱估计是对周期图的重要改进。Bartlet 功率谱估计与周期图的意义有所不同。周期图以单一样本功率谱作为功率谱估计，没有针对样本空间的平均。Bartlet 功率谱估计以时间平均代替样本空间平均，所以 Bartlet 功率谱估计更符合功率谱的定义。这是，Bartlet 法和周期图法的本质区别。

Welch 法是将两种平均方法结合起来使用的方法。Welch 法是对 Bartlet 法的进一步改进。他把加窗处理与平均处理结合起来尽可能地减小估计方差。Nuttall 方法与之类似。

因为增加了平均机制，上述改进方法的功率谱估计方差优于纯周期图法和相关图法。改进方法在估计方差上获得的利益是以牺牲分辨率为代价的，理论上，估计方差减小 N 倍，则分辨率降低 N 倍。实际应用时，需要在估计方差和分辨率之间寻求折中。

第 6 章　模型参数法功率谱估计

因算法简单,很多场合采用经典功率谱估计方法。但是,对功率谱估计质量要求比较高时,经典方法难于满足要求,主要问题是估计方差大、分辨率低。经典功率谱估计没有对随机信号做任何的约束或处理,估计算法基于傅里叶变换,通过对观测序列的傅里叶变换得到功率谱估计。算法不可避免地受到窗函数的影响,常导致弱信号的淹没和伪峰的出现。另外,经典功率谱估计的频率分辨率受到数据长度的制约。

现代功率谱估计主要针对经典功率谱估计方差大,分辨率低的不足而提出。模型参数法功率谱估计属于现代功率谱估计的一大类。模型参数法通过对观测序列的处理估计模型参数实现对信号功率谱的估计。模型参数法实质隐含着对随机信号合理的约束,估计效果理论上优于经典方法。

现代功率谱估计大致可以分为:模型参数法和非模型参数法,前者有 AR 模型(Autoregressive model)、MA（Moving Average model）模型、ARMA（Auto-Regressive and Moving Average Model)模型、PRONY(普罗尼)模型等;后者有最小方差方法、MUSIC(Multiple Signal Classication)方法等。模型参数法中,应用最广、最具代表性的是 AR 模型法。现代功率谱估计方法众多,并且不断有新方法、新算法产生,属于热点研究领域。本章的重点不是介绍各种现代功率谱估计方法,重点在于阐述现代功率谱估计的思想。

本章分三节,6.1 节参数化模型功率谱估计思想;6.2 节随机过程通过线性系统;6.3 节 AR模型法。前两节是模型参数功率谱估计的基础,涉及随机过程线性变换和分解知识。6.3 节介绍了最具代表性的 AR 模型法。

6.1　参数模型功率谱估计思想

参数模型功率谱估计是现代功率谱估计的主要内容。本节将介绍随机过程分解的思想,平稳过程可以由白噪声激励线性系统产生的思想,有理谱可以由 ARMA

谱逼近的思想,"可预测过程"和"纯随机过程"可以相互转化的思想。这些内容是参数模型功率谱估计的思想基础。

6.1.1　Wold 分解定理

数学家 Herman Wold(沃尔德)提出平稳随机过程总可以分解成"可预测"和"纯随机"两部分之和。这是(模型)参数法功率谱估计的思想基础。

1. 随机过程的随机性

随机性是随机过程的最根本特征。但是,事物总有两面性,随机过程也不例外。可以说,随机过程是随机性与确定性的矛盾统一体。随机变量的随机性表现在无法用确定函数描述其样本函数,确定性表现在其统计特征可以用确定函数(或值)描述。随机过程是随机变量随时间的推演,所以随机过程的随机性与确定性表现为随机变量的随机性与确定性随着时间的推演。随着时间的推演,一方面不断有新的随机变量产生,带来新的不确定性,另一方面不确定性随时间的推演可以具有确定的规律性。

根据随机性随时间的变化情况,可以将随机过程分为奇异过程(可预测过程)和正则过程(不可预测过程)。

2. 奇异过程

如果过程的随机性不随时间变化,则称该过程为奇异过程。

要注意的是随机性不变,不是没有随机性,只是随机性不随时间改变。按信息论的观点,随着时间的发展,奇异过程没有新的随机因素加入,过程所含信息量保持不变,不再提供任何新信息。按预测的观点,奇异过程是"可预测"过程。"可预测"的涵义是:用过程的过去值对未来值进行预测时,能够实现一致性预测,即预测的均方误差能够趋于 0。在预测方法上,一般考虑线性预测。

对于随机过程 $\{x_t\}$,考虑用 t 时刻之前的 p 个值的线性组合对 t 时刻的真值 x_t 进行线性预测:

$$x_t = \sum_{k=1}^{p} a_k x_{t-k} + e_t \tag{6.1}$$

其中,a_k 是常系数,e_t 是(预测)误差。如果预测的均方误差满足

$$\lim_{p \to \infty} \left(x_t - \sum_{k=1}^{p} a_k x_{t-k} \right)^2 = 0 \tag{6.2}$$

则称过程 $\{x_t\}$ 是可预测过程。

(6.1)式是一个 p 阶自回归差分方程。我们将满足(6.1)式的随机过程称为 p

阶 AR 过程,记为 $AR(p)$。

3. 正则过程

如果任何两个不同时刻的随机性都不相同,则称该过程为正则过程。

正则过程是与奇异过程特征恰好相反的过程。按信息论的观点,任一时刻的下一时刻,正则过程都有新信息加入。按预测的观点,正则过程是"不可预测"过程。"不可预测"的涵义是无法实现一致性预测。

白噪声过程是正则过程的代表。对于任何分布的正则过程(不可预测过程),总可以用白噪声过程的线性组合表示,即

$$y_t = u_t + \sum_{k=1}^{q} b_k u_{t-k} \tag{6.3}$$

且

$$E(u_t u_{t+k}) = 0, \forall k = \pm 1, \pm 2, \cdots \tag{6.4}$$

(6.3)式是一个 q 阶滑动平均差分方程。我们将满足(6.3)式的随机过程称为 q 阶 MA 过程,记为 $MA(q)$。

4. 实际过程

奇异过程(可预测过程)和正则过程(纯随机过程)是随机过程的两个极端。一般随机过程的随机性、可预测性介于奇异过程和正则过程之间。因此,实际随机过程可以表示为

$$x_t = \sum_{k=1}^{p} a_k x_{t-k} + e_t + \sum_{k=1}^{q} b_k u_{t-k} \tag{6.5}$$

(6.5)式是一个自回归—滑动平均差分方程。我们将满足(6.5)式的随机过程称为 ARMA 过程,记为 $ARMA(p, q)$。

引入移位算子可以简化模型差分方程(6.5)式的表达。定义

$$L^{-k} x_t \equiv x_{t-k} \tag{6.6}$$

称 L^{-k} 为后向移位算子。引入符号

$$A(L) = 1 + a_1 L^{-1} + \cdots + a_p L^{-p} \tag{6.7}$$

$$B(L) = 1 + b_1 L^{-1} + \cdots + b_q L^{-q} \tag{6.8}$$

则 ARMA 模型可以简写成

$$A(L) x_t = B(L) e_t \tag{6.9}$$

如果 $B(L) = 1$,则 ARMA 模型退化为 AR 模型

$$A(L) x_t = e_t \tag{6.10}$$

如果 $A(L)=1$，则 ARMA 模型退化为 MA 模型

$$x(t) = B(L)e_t \qquad (6.11)$$

AR 模型和 MA 模型是 ARMA 模型的两个特例。

5. Wold 分解定理

数学家 Herman Wold（沃尔德 1902—1950）1938 年提出：任何一个平稳过程都可以分解为两个不相关（或是说相互正交）的平稳过程之和。其中一个为确定性部分，可以用过去值描述现在值的部分，也称为可预测部分（或奇异部分）；另一个为纯随机性部分，也称为正则部分。

设 z_t 为平稳随机过程，z_t 总可以分解为

$$z_t = x_t + y_t \qquad (6.12)$$

并且过程 x_t 和过程 y_t 相互正交，即

$$E(x_t y_{t+k}) = 0, \ k = 0, \pm 1, \pm 2, \cdots \qquad (6.13)$$

x_t 称为奇异部分（或可预测部分，或确定性部分），含义是可以用其过去值描述其现在值。即 x_t 可以表示成（6.1）式所示的 p 阶自回归差分方程。

y_t 称为正则部分（或不确定部分，或纯随机部分），含义是完全无法预测。即 y_t 可以表示成（6.3）式所示的 q 阶滑动平均差分方程。

平稳随机过程 z_t 总可以表示成（6.5）式所示的自回归—滑动平均方程。

Wold 将平稳过程分解为奇异和正则两部分，奇异部分是可以精确预测部分，正则部分是无法准确预测部分。Wold 分解定理是一种存在性的结论。并且，分解是在最优线性预测意义下定义的，对一般性的最优估计不适用。另外，Wold 分解没有给出预测误差的界，也没有指明求解随机过程结构参数的方法。

6.1.2 白噪声激励线性时不变系统

很多平稳过程可以由白噪声过程的线性组合表示。这相当于很多平稳过程可以用白噪声激励线性时不变系统产生。

1. 平稳过程的白噪声表示

定理 设 $\{X_n, n \in \mathbf{Z}\}$ 是平稳过程，其功率分布函数为 $F_X(\omega)$，当且仅当存在函数 $s(\omega)$，使得

$$F_X(\omega) = \frac{1}{2\pi}\int_{-\infty}^{\omega} s(\lambda)\mathrm{d}\lambda \ \text{或} \ \mathrm{d}F_X(\omega) = \frac{1}{2\pi}s(\omega)\mathrm{d}\omega \qquad (6.14)$$

则 $\{X_n, n \in \mathbf{Z}\}$ 可以表示成

$$X_n = \sum_{k=-\infty}^{\infty} h_k U_{n-k} \quad \text{且} \quad \sum_{k=-\infty}^{\infty} |h_k|^2 < \infty \tag{6.15}$$

其中,$\{U_n\}$是白噪声过程。

该定理的含义是:如果平稳随机过程$\{X_n\}$的谱分布函数$F_X(\omega)$可导,那么过程$\{X_n\}$可以用白噪声的非因果的滑动平均表示。

证

(1)必要性

设平稳随机过程$\{X_n\}$可以用白噪声过程$\{U_n\}$的非因果的滑动平均表示,

$$X_n = \sum_{k=-\infty}^{\infty} h_k U_{n-k} \tag{6.16}$$

根据平稳过程的谱表达定理,令白噪声的谱表示为

$$U_n = \int_{-\pi}^{\pi} \exp(jk\omega) dZ_U(\omega) \tag{6.17}$$

其中,$Z_U(\omega)$满足:

$$E[|dZ_U(\omega)|^2] = dF_U(\omega) \tag{6.18}$$

$Z_U(\omega)$是白噪声过程$\{U_n\}$的谱过程,它是一个增量过程,$F_U(\omega)$是过程$\{U_n\}$的功率分布函数。

这样,(6.16)式可化为

$$X_n = \sum_{k=-\infty}^{\infty} h_k \int_{-\pi}^{\pi} \exp(j(n-k)\omega) dZ_U(\omega)$$
$$= \int_{-\pi}^{\pi} \exp(jn\omega) \left(\sum_{k=-\infty}^{\infty} h_k \exp(-jk\omega) \right) dZ_U(\omega) \tag{6.19}$$

令

$$g(\omega) = \sum_{k=-\infty}^{\infty} h_k \exp(-jk\omega), \text{则}, X_n = \int_{-\pi}^{\pi} \exp(jn\omega) g(\omega) dZ_U(\omega) \tag{6.20}$$

令

$$g(\omega) dZ_U(\omega) = dZ_X(\omega), \text{则} X_n = \int_{-\pi}^{\pi} \exp(jn\omega) dZ_X(\omega) \tag{6.21}$$

则$\{X_n\}$的功率分布函数$F_X(\omega)$满足

$$dF_X(\omega) = E[|dZ_X(\omega)|^2]$$
$$= E[|g(\omega) dZ_U(\omega)|^2] = g^2(\omega) E[|dZ_U(\omega)|^2] = \frac{|g(\omega)|^2}{2\pi} d\omega$$

其中,$s(\omega) = |g(\omega)|^2$。

（2）充分性

设平稳过程 $\{X_n\}$ 有 $\mathrm{d}F_X(\omega) = \dfrac{1}{2\pi}s(\omega)\mathrm{d}\omega$。

根据平稳过程的谱表达定理，令 $\{X_n\}$ 的谱表示为 $X_n = \displaystyle\int_{-\infty}^{\infty}\exp(\mathrm{j}\omega n)\mathrm{d}Z_X(\omega)$，令

$$\widetilde{Z}_X(\omega) = \frac{Z_X(\omega)}{\sqrt{s(\omega)}}, \mathrm{d}\widetilde{Z}_X(\omega) = \frac{\mathrm{d}Z_X(\omega)}{\sqrt{s(\omega)}} \tag{6.22}$$

则

$$X_n = \int_{-\infty}^{\infty}\exp(\mathrm{j}\omega n)\mathrm{d}Z_X(\omega) = \int_{-\infty}^{\infty}\exp(\mathrm{j}\omega n)\sqrt{s(\omega)}\,\mathrm{d}\widetilde{Z}_X(\omega) \tag{6.23}$$

$Z_X(\omega)$ 和 $\widetilde{Z}_X(\omega)$ 是过程 $\{X_n\}$ 的增量过程，$\widetilde{Z}_X(\omega)$ 是 $Z_X(\omega)$ 的归一化。

将 $\sqrt{s(\omega)}$ 做傅里叶展开

$$\sqrt{s(\omega)} = \sum_{k=-\infty}^{\infty}c_k\mathrm{e}^{-\mathrm{j}\omega k} \tag{6.24}$$

把（6.24）式代入（6.23）式，得

$$X_n = \int_{-\pi}^{\pi}\exp(\mathrm{j}\omega n)\sum_{k=-\infty}^{\infty}c_k\mathrm{e}^{-\mathrm{j}\omega k}\mathrm{d}\widetilde{Z}_X(\omega) = \sum_{k=-\infty}^{\infty}c_k\int_{-\pi}^{\pi}\exp(\mathrm{j}\omega(n-k))\mathrm{d}\widetilde{Z}_X(\omega) \tag{6.25}$$

根据 $F_X(\omega)$ 的非负性，如果存在 $s(\omega)$ 使得 $\mathrm{d}F_X(\omega) = \dfrac{1}{2\pi}s(\omega)\mathrm{d}\omega$，那么 $s(\omega) \geqslant 0$。

所以不妨设 $s(\omega) = |g(\omega)|^2$，这样 $\mathrm{d}F_X(\omega) = \dfrac{1}{2\pi}s(\omega)\mathrm{d}\omega = \dfrac{1}{2\pi}|g(\omega)|^2\mathrm{d}\omega$，而 $\mathrm{d}F_X(\omega) = E[|\mathrm{d}Z_X(\omega)|^2]$，所以 $E[|\mathrm{d}Z_X(\omega)|^2] = \dfrac{1}{2\pi}|g(\omega)|^2\mathrm{d}\omega$，进而，

$$\frac{E[|\mathrm{d}Z_X(\omega)|^2]}{s(\omega)} = \frac{1}{2\pi}\mathrm{d}\omega \text{ 或 } E\left(\frac{\mathrm{d}\widetilde{Z}_X(\omega)}{\mathrm{d}\omega}\right) = \frac{1}{2\pi} \tag{6.26}$$

（6.26）式表明 $\widetilde{Z}_X(\omega)$ 是白噪声过程的谱过程

$$X_n = \int_{-\infty}^{\infty}\exp(\mathrm{j}\omega n)\mathrm{d}\widetilde{Z}_X(\omega) \tag{6.27}$$

所以（6.25）式可以写作

$$X_n = \sum_{k=-\infty}^{\infty}c_k\int_{-\pi}^{\pi}\exp(\mathrm{j}\omega(n-k))\mathrm{d}\widetilde{Z}_X(\omega) = \sum_{k=-\infty}^{\infty}c_kU_{n-k} \tag{6.28}$$

上面给出了平稳过程的白噪声表示定理及必要性和充分性证明，从中可以得到如下重要结论：功率分布函数可导的平稳随机过程可以由白噪声过程的线性组合表示。根据系统的观点，上述结论可以表述为：功率分布函数可导的平稳随机过程可

以由白噪声激励一个线性时不变系统产生。

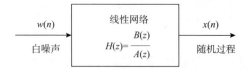

图 6.1   白噪声激励线性时不变系统

2. 平稳过程的白噪声因果滑动平均表示

(6.15)式给出的平稳过程的白噪声过程表示是非因果的滑动平均表示。对于因果滑动平均表示,还需要对过程增加约束条件。

当且仅当平稳过程$\{X_n\}$是正则平稳过程时,才有白噪声过程的因果滑动平均表示

$$X_n = \sum_{k=0}^{\infty} h_k U_{n-k}, \sum_{k=-\infty}^{\infty} |h_k|^2 < \infty \tag{6.29}$$

其中,$\{U_n\}$是白噪声序列。

平稳过程$\{X_n\}$是正则平稳过程的充要条件为

$\{X_n\}$的功率谱满足

$$\int_{-\infty}^{\infty} \log s(\omega) \mathrm{d}\omega > -\infty \tag{6.30}$$

3. 白噪声激励线性系统输出过程的功率谱

白噪声激励线性系统,输出过程的功率谱一般是有理函数。考虑如下差分方程描述的白噪声激励的线性系统的输出过程,有

$$\sum_{k=0}^{N} b_k x_{n-k} = \sum_{l=0}^{M} a_l u_{n-l} \tag{6.31}$$

其中,$\{U_n\}$是均值为 0、方差为 σ_U^2 的白噪声过程。$\{X_n\}$的功率谱为有理函数:

$$s_X(\omega) = \sigma_U^2 \left| \frac{a_0 + a_1 \exp(-\mathrm{j}\omega) + \cdots + a_M \exp(-\mathrm{j}M\omega)}{b_0 + b_1 \exp(-\mathrm{j}\omega) + \cdots + b_M \exp(-\mathrm{j}N\omega)} \right|^2 \tag{6.32}$$

有理功率谱是连续功率谱中非常重要的一族。且有理谱是连续谱的稠密子集,即大部分连续谱是有理谱。根据微积分的魏尔斯特拉斯定理,任何分段连续的功率谱都可以被阶数足够高的有理谱密度逼近。

以上说明,谱分布函数可导的平稳随机过程可以由白噪声过程的线性组合表示。正则平稳过程由白噪声过程的因果滑动平均表示。白噪声激励线性系统,输出过程的谱密度函数一般是有理函数。

6.1.3　Wold 谱表达定理

如果功率谱是连续的,那么 ARMA 过程或 MA 过程,可以用一个可能是阶数无限的 AR 过程表示。该定理的反命题也成立,即 ARMA 过程或 AR 过程,也可以用一个可能是阶数无限的 MA 过程表示。

Wold 谱表达定理的含义是可预测过程和纯随机过程可以相互转化。一个平稳 $AR(p)$ 过程可以化为 $MA(\infty)$ 过程,反之,一个平稳 $MA(q)$ 过程可以化为 $AR(\infty)$ 过程。并且,在相互转化过程中,AR 模型参数和 MA 模型参数之间存在对偶关系。

若有平稳 $AR(p)$ 过程 $A(L)x(t)=e(t)$,转化成相应的 $MA(\infty)$ 过程 $x(t)=B(L)e(t)$,AR 模型参数 $A(L)$ 与 MA 模型参数 $B(L)$ 之间存在对偶关系。

$$A(L)B(L) = 1 \qquad (6.33)$$

下面以平稳 $AR(2)$ 过程为例进一步说明 AR 模型和 MA 模型之间的转化及参数间的对偶关系。已知 $AR(2)$ 模型:

$$x_t = a_1 x_{t-1} + a_2 x_{t-2} + e_t \qquad (6.34)$$

其中,稳定条件 $|a_i| < 1, i = 1, 2$。

$$x_{t-n} = a_1 x_{t-n-1} + a_2 x_{t-n-2} + e_{t-n} \qquad (6.35)$$

$n = 1, 2, \cdots$,如果分别取 $n = 1$,$n = 2$,则有

$$x_{t-1} = a_1 x_{t-2} + a_2 x_{t-3} + e_{t-1} \qquad (6.36a)$$

$$x_{t-2} = a_1 x_{t-3} + a_2 x_{t-4} + e_{t-2} \qquad (6.36b)$$

将(6.36a)式代入(6.34)式,得

$$x_t = e_t + a_1 e_{t-1} + (a_1^2 + a_2)x_{t-2} + a_1 a_2 x_{t-3} \qquad (6.37)$$

将(6.36b)式代入(6.37)式,得

$$x_t = e_t + a_1 e_{t-1} + (a_1^2 + a_2)e_{t-2} + (a_1^3 + 2a_1 a_2)x_{t-3} + (a_1^2 a_2 + a_2^2)x_{t-4} \qquad (6.38)$$

随着 n 的取值的增加,在稳定条件 $|a_i| < 1$ 下,x_{t-n-1} 和 x_{t-n-2} 前面的系数将趋于零,将有

$$x_t = e_t + a_1 e_{t-1} + (a_1^2 + a_2)e_{t-2} + \cdots \qquad (6.39)$$

(6.39)式正是一个 $MA(\infty)$ 过程。

利用位移算子,(6.34)式可以简写成 $A(L)x_t = e_t$,其中 $A(L) = 1 - a_1 L^{-1} - a_2 L^{-2}$。(6.39)式可简写成 $x_t = B(L)e_t$,其中 $B(L) = 1 + a_1 L^{-1} + (a_1^2 + a_2)L^{-2} + \cdots$;有 $A(L)B(L) = 1$。

以上介绍了 Wold 分解定理,平稳过程的白噪声表示定理,Wold 谱表达定理。

Wold 分解定理阐明了随机过程可以分解的思想。这种分解是在最优线性预测意义下定义的,从而将随机过程与线性系统建立起联系。这就将过程功率谱估计转

化为对线性模型参数的估计，将功率谱估计问题化为随机过程建模问题。因此，Wold 分解也就成为了模型参数功率谱估计的思想基础。

平稳过程的白噪声表示定理说明，白噪声激励线性系统的输出过程的谱密度函数是有理函数。有理功率谱是非常重要的一类功率谱，任意连续功率谱可以用有理功率谱逼近。

Wold 谱表达定理阐明了随机过程转化的思想。该思想对于参数化模型谱估计具有重要实用意义。描述 AR 模型的方程是线性差分方程，描述 ARMA 和 MA 模型的方程是非线性差分方程，在实际应用中对线性差分方程的处理要容易，所以一般选择 AR 模型。Wold 谱表达定理表明，将随机过程模式化时，模型的选择显得不那么十分重要，即使没有选择合适的模型，只要模型的阶数足够高，仍然能够获得较好的模拟(逼近)效果。

6.2　随机过程的线性变换

模型参数法将随机过程功率谱估计转换成对模型参数的估计。因此,线性系统的理论是模型参数功率谱估计的基础。本节给出有关线性系统的基础知识。

系统是指由若干相互关联的事物组合而成的具有特定功能的整体。系统首先分为线性系统和非线性系统,其次是分为连续系统和离散系统。根据系统性质可以进一步分为时不变系统和时变系统、因果系统和非因果系统、稳定系统和不稳定系统等。这里的讨论限于线性时不变系统。

本部分主要内容:线性系统及系统单位脉冲响应;Z变换与系统函数;随机过程通过线性系统。

6.2.1　线性系统及单位抽样响应

1. 线性系统

数学上,系统是一种从输入到输出的变换。工程上,习惯称系统输入为激励,系统输出为响应。线性系统是输入输出之间同时满足齐次性和叠加性的系统。当若干个输入信号同时作用于系统时,总的输出等于各个输入单独作用时所产生的输出之和,该性质称为叠加性。当输入乘以某常数时,输出也相应地乘以同一常数,该性质称为齐次性。齐次性和叠加性可以描述为:若系统对 $x_1(n)$ 的响应为 $y_1(n)$,对 $x_2(n)$ 的响应为 $y_2(n)$,α,β 为任意常数,如果系统对 $\alpha x_1(n)+\beta x_2(n)$ 的响应为 $\alpha y_1(n)+\beta y_2(n)$,那么该系统为线性系统。

2. 系统单位抽样响应

工程上,单位抽样信号(Kronecker 函数或称为单位脉冲函数)定义为

$$\delta(n) = \begin{cases} 1 & , \quad n = 0 \\ 0 & , \quad n \neq 0 \end{cases} \tag{6.40}$$

设有离散线性系统

$$y(n) = L[x(n)] \tag{6.41}$$

其中,$x(n)$ 为系统输入序列,$y(n)$ 为系统输出序列,$L[\cdot]$ 表示从输入到输出的线性运算变换。

因为任意序列都可以用单位抽样序列的加权和来表示,所以可以将系统输入序列表示为

$$x(n) = \sum_{k=-\infty}^{\infty} x(k)\delta(n-k) \tag{6.42}$$

那么,系统输出序列为

$$y(n) = L\Big[\sum_{k=-\infty}^{\infty} x(k)\delta(n-k)\Big] = \sum_{k=-\infty}^{\infty} L[x(k)\delta(n-k)] = \sum_{k=-\infty}^{\infty} x(k)L[\delta(n-k)]$$

$$(6.43)$$

定义

$$h(n) = L[\delta(n-k)], \quad -\infty < k < \infty \qquad (6.44)$$

称序列 $h(n)$ 为系统单位抽样响应。

系统单位抽样响应 $h(n)$ 是:离散系统处在零状态时,输入为单位抽样的输出。$h(n)$ 仅和系统固有属性有关,是描述系统性质最基本和最重要的参数。定义系统单位抽样响应后,系统响应可以表示为

$$y(n) = \sum_{k=-\infty}^{\infty} x(k)h(n-k) \text{ 或 } y(n) = h(n) * x(n), \quad -\infty < k < \infty \qquad (6.45)$$

即系统响应等于系统激励与系统单位抽样响应的卷积。

3. 系统基本性质

时不变系统　　设系统对 $x(n)$ 的响应为 $y(n)$,如果将输入 $x(n)$ 延迟 k 个抽样周期,响应也相应延迟 k 个抽样周期,即对 $x(n-k)$ 的响应为 $y(n-k)$,那么称该系统具有"时不变"性。具有时不变性的系统称为时不变系统。时不变系统的系统参数不随时间变化,(在同样起始状态下)响应特性与激励施加于系统的时刻无关。

因果系统　　如果系统在任意时刻的输出只取决于现在和过去的输入而与将来的输入无关,那么该系统称为因果系统。通俗地讲,"输出的变化不领先于输入的变化"或"响应不会发生在激励之前"的系统称为因果系统。显然,系统为因果系统的充要条件是

$$h(n) \equiv 0, \quad n < 0 \qquad (6.46)$$

因果系统输入与输出的关系为

$$y(n) = x(n) * h(n) = \sum_{k=0}^{\infty} h(k)x(n-k) \qquad (6.47)$$

稳定系统　　对任意有界激励产生有界响应的系统称为稳定系统。系统稳定的充要条件是系统的单位抽样响应绝对可和,即

$$\sum_{k=-\infty}^{\infty} |h(k)| < \infty \qquad (6.48)$$

同时具有因果性和稳定性的系统称为因果稳定系统。因果稳定系统是实用系统。因果稳定系统满足

$$\sum_{k=0}^{\infty} |h(k)| < \infty \qquad (6.49)$$

可逆系统　　不同的激励产生不同的响应的系统,称为可逆系统。每个可逆系统都存在一个逆系统,原系统与其逆系统级联后,输出信号即为输入信号。

线性时不变系统　　具有时不变性的线性系统称为线性时不变系统。系统可以用方程描述,连续系统用微分方程描述,离散系统用差分方程描述,时不变系统对应常系数方程。线性时不变离散系统用常系数差分方程描述为

$$y(n) = -\sum_{k=1}^{p} a_k y(n-k) + \sum_{k=0}^{q} b_k x(n-k) \tag{6.50}$$

系统参数 $a_k(k=1,\cdots,p)$,$b_k(k=1,\cdots,q)$ 为常数,不随时间量变化。

如果系统内部没有反馈过程,输出由输入及输入的延迟构成,这样的系统称为"有限冲激响应(FIR)"系统。

FIR 系统用方程表示,则

$$y(n) = \sum_{k=0}^{q} b_k x(n-k) \tag{6.51}$$

如果系统内部存在反馈过程,输出由输入及输出的反馈构成,这样的系统称为"无限冲激响应(IIR)"系统。

IIR 系统用方程表示,则

$$y(n) + \sum_{k=0}^{p} a_k y(n-k) = \sum_{k=0}^{q} b_k x(n-k), \quad b_0 = 1 \tag{6.52}$$

6.2.2　Z 变换与系统函数

1. Z 变换

在连续时间信号与系统中,信号用连续变量时间 t 的函数表示,系统用微分方程描述,频域分析方法是拉普拉斯变换和傅里叶变换。在离散信号与系统中,信号用序列表示,其自变量仅取整数,非整数时无定义,系统则用差分方程描述,用 Z 变换对系统进行复频域分析。Z 变换在离散时间系统中的作用如同拉普拉斯变换在连续时间系统中的作用。在分析连续时间系统时,利用拉普拉斯变换将描述连续系统的微分方程化为代数方程。在分析离散时间系统时,Z 变换是非常重要的数学工具。利用 Z 变换可以求解系统响应、系统函数,求解描述离散系统的差分方程等。

数学上,时间序列的 Z 变换是复变量 Z 的幂级数(复变量的幂级数又称为罗朗级数),其系数是序列 $x(n)$ 的样值。Z 变换将时间序列变换到复频域。

定义

序列 $x(n)(-\infty < n < \infty)$ 的 Z 变换定义为

$$X(z) = \sum_{n=-\infty}^{\infty} x(n) z^{-n}$$

$$= \cdots + x(-2) z^2 + \ + x(-1) z + \ + x(0) + x(1) z^{-1} + \ + x(2) z^{-2} + \cdots$$

$$(6.53)$$

序列 $x(n)$ 的 Z 变换 $X(z)$ 是复变量 z 的幂级数。

z 是复变量可以表示为

$$z = re^{j\omega} = r(\cos\omega + j\sin\omega) \tag{6.54}$$

其中,r 和 ω 为实变量。z 是一个幅度为 r、相位为 ω 的连续复变量。通过 Z 变换,将序列 $x(n)$ 分解成不同频率复指数的线性组合,这是 Z 变换的意义。

通常 Z 变换是指双边 Z 变换。实际的物理信号对应的都是单边 Z 变换,只对右边序列($n \geqslant 0$ 部分)进行 Z 变换。若 $0 \leqslant n < \infty$,则应改为单边 Z 变换:

$$X(z) = \sum_{n=0}^{\infty} x(n) z^{-n} = x(0) + \frac{x(1)}{z} + \frac{x(2)}{z^2} + \cdots \tag{6.55}$$

Z 变换与傅里叶变换的关系

在序列 $x(n)$ 的 Z 变换中,令 $z = re^{j\omega}$,则(6.53)式化为

$$X(e^{j\omega}) = \sum_{n=-\infty}^{\infty} [x(n) r^{-n}] e^{-j\omega n} \tag{6.56}$$

所以,序列的 z 变换可视为序列乘以一个实加权序列 r^{-n} 后的傅里叶变换。即指数加权傅里叶变换是 Z 变换的本质。

若取 $r=1$,则(6.56)式化为

$$X(e^{j\omega}) = \sum_{n=-\infty}^{\infty} x(n) e^{-j\omega n} \tag{6.57}$$

即当复变量 $z = re^{j\omega}$ 取模 $r=1$ 时,z 变换化为傅里叶变换。所以傅里叶变换可以理解为是模取 1 的 z 变换,或者说,傅里叶变换是单位圆上的 z 变换。

收敛域   使 Z 变换 $X(z)$ 收敛的 z 构成的集合称为 $X(z)$ 的收敛域(简记为 Roc)。

Z 变换收敛的条件是

$$\sum_{n=0}^{\infty} | x(n) z^{-n} | < \infty \tag{6.58}$$

因为序列的 Z 变换 $X(z)$ 在其收敛域内的每一点上都是解析函数,在收敛域内不能有极值点,所以收敛域是一个以极点为界(不含任何极点)的连通区域。这是 Z 变换收敛域的特点。

序列的 Z 变换的收敛域一般是一个圆环。该圆环有时可向内收缩到原点,有时可向外扩展到正无穷。只有序列 $x(n) = \delta(n)$ 的收敛域为整个 Z 平面。右边序列的收敛域是某圆外部的区域(不包括圆周),且模最大的有限极点在该圆周上。左边序

列的收敛域是某圆内部的区域（不包括圆周），且模最小的非零极点在该圆周上。双边序列的收敛域是某圆环区域（不包括圆周），且模大小邻近的两极点分别在两圆周上。

2. 系统函数

系统单位脉冲响应 $h(n)$ 的 Z 变换：

$$H(z) = \sum_{n=-\infty}^{\infty} h(n) z^{-n} \qquad (6.59)$$

称为系统函数 $H(z)$。系统单位冲激响应 $h(n)$ 与系统函数 $H(z)$ 是一对 Z 变换对。

如果系统单位抽样响应为 $h(n)$，则系统输入输出关系为 $y(n)=h(n)*x(n)$，两边取 Z 变换得

$$H(z) = ZT[h(n)] = \frac{Y(z)}{X(z)} \qquad (6.60)$$

其中，$ZT[h(n)]$ 表示 $h(n)$ 的 Z 变换，$X(z)$、$Y(z)$ 分别是序列 $y(n)$ 和 $x(n)$ 的 Z 变换。即系统函数 $H(z)$ 等于系统的零状态响应的 Z 变换与激励的 Z 变换之比。

离散系统的频率响应　系统单位脉冲响应 $h(n)$ 的傅里叶变换为

$$H(e^{j\omega}) = \sum_{n=-\infty}^{\infty} h(n) e^{-j\omega n} \qquad (6.61)$$

$H(e^{j\omega})$ 是系统的频率响应。将 $H(e^{j\omega})$ 写成 $H(e^{j\omega})=|H(e^{j\omega})|e^{j\varphi(\omega)}$，$|H(e^{j\omega})|$ 是离散系统的幅频响应，$\varphi(\omega)$ 是离散系统的相频响应。频率响应 $H(e^{j\omega})$ 和单位脉冲响应 $h(n)$ 是一对傅里叶变换，记为 $H(e^{j\omega}) \leftrightarrow h(n)$。

系统函数 $H(z)$ 和系统频率响应 $H(e^{j\omega})$ 的关系　如果 $H(z)$ 的收敛域包含单位圆 $|z|=1$，则 $H(z)$ 和 $H(e^{j\omega})$ 的关系为

$$H(e^{j\omega}) = H(z)\big|_{z=e^{j\omega}} \qquad (6.62)$$

即系统的频率响应 $H(e^{j\omega})$ 是单位圆上的系统函数。

单位冲激响应 $h(n)$ 表征系统的时域特性。系统函数 $H(z)$ 表征系统的 z 域特性（即复频率特性）。频率响应 $H(e^{j\omega})$ 表征系统的频率特性。$H(z)$ 和 $h(n)$ 是一对 Z 变换对。$H(e^{j\omega})$ 和 $h(n)$ 是一对傅里叶变换对。$H(e^{j\omega})$ 是单位圆上的系统函数 $H(z)$。

系统固有特性由系统单位冲激响应完全决定。系统单位冲激响应确定，系统性质随之确定。进而，单位冲激响应的 Z 变换得到系统函数。单位冲激响应的傅里叶变换得到系统频率响应函数。

3. 离散时间系统性质 Z 域判别

设离散线性系统的差分方程为 $y(n)=-\sum_{k=1}^{p} a_k y(n-k) + \sum_{k=0}^{q} b_k x(n-k)$，系统函数

为 $H(z)=\dfrac{Y(z)}{X(z)}$。总可以将系统函数 $H(z)$ 的分子、分母多项式分别作因式分解化为如下的形式

$$H(z) = gz^{N-M} \frac{\prod\limits_{r=1}^{M}(z-z_n)}{\prod\limits_{k=1}^{N}(z-z_p)} \qquad (6.63)$$

其中,g 为系统的增益因子。使分母多项式等于 0 的 z 值:$z_p(p=1,2,\cdots,N)$ 称为系统极点。使分子多项式等于 0 的 z 值:$z_n(n=1,2,\cdots,M)$ 称为系统零点。$H(z)$ 的极点位置决定 $h(n)$ 的形状,零点位置决定 $h(n)$ 的幅度和相位。

系统函数的极点分布决定着系统的稳定性。若 $H(z)$ 的全部极点落在单位圆内,则系统稳定,即系统函数的收敛域包括单位圆则系统稳定。对于因果系统,当 $n<0$ 时,$h(n)=0$,所以系统函数 $H(z)$ 的收敛域一定包含无穷点。对于因果、稳定系统,收敛域包含无穷点和单位圆,即 $r<|z|\leqslant\infty,0<r<1$。

6.2.3 随机过程的线性变换

随机过程通过线性系统即随机过程的线性变换。将随机过程的每个样本,按照确定的线性运算法则,变换成新的随机过程,称为随机过程的线性变换。可抽象为 $Y(t)=L[X(t)]$。其中,$L[\,\cdot\,]$ 表示确定的线性运算法则,$X(t)$ 是输入过程,$Y(t)$ 是输出过程。随机过程变换,输入、输出都是随机过程,变换法则确定,变换对象是过程的样本。

随机过程通过线性系统,关心的是:系统对随机过程平稳性的影响,输入与输出的统计关系,已知输入的统计特性时,输出统计特性的计算。

设系统输入是平稳过程 $\{X(n)\}$,其均值为 μ_X,自相关函数为 $r_X(\tau)$,功率谱为 $s_X(\omega)$,系统为线性时不变系统,其单位抽样响应为 $h(n)$,系统频率响应为 $H(\omega)$,将系统输出过程记为 $Y(n)$。

系统输出为

$$Y(n) = \sum_{k=-\infty}^{\infty} h(k)X(n-k) = \sum_{k=-\infty}^{\infty} h(n-k)X(k) = h(n) * X(n) \qquad (6.64)$$

输出过程均值为

$$\mu_Y(n) = E[Y(n)] = E\Big[\sum_{k=-\infty}^{\infty} h(k)X(n-k)\Big] = \sum_{k=-\infty}^{\infty} h(k)E[X(n-k)]$$

因为 $\{X(n)\}$ 是平稳过程,所以 $E[X(n-k)]=E[X(n)]=\mu_X$,又因为 $H(0)=\sum\limits_{k=-\infty}^{\infty} h(k)$,所以输出过程 $\{Y(n)\}$ 的均值为

$$\mu_Y(n) = \mu_X H(0) \qquad (6.65)$$

输出过程自相关为

$$r_Y(n,n+m) = E\left[Y^*(n)Y(n+m)\right]$$

$$= E\left[\sum_{p=-\infty}^{\infty} h^*(p)X^*(n-p)\sum_{q=-\infty}^{\infty} h(q)X(n+m-q)\right]$$

$$r_Y(n,n+m) = \sum_{p=-\infty}^{\infty} h^*(p)\sum_{q=-\infty}^{\infty} h(q)E\left[X^*(n-p)X(n+m-q)\right] \quad (6.66)$$

因为 $\{X(n)\}$ 是平稳过程,所以 $E\left[X^*(n-p)X(n+m-q)\right]=r_X(m+p-q)$,进而

$$r_Y(n,n+m) = \sum_{p=-\infty}^{\infty} h^*(p)\sum_{q=-\infty}^{\infty} h(q)r_X(m+p-q) \quad (6.67)$$

由上式可见,求和与 n 无关。即输出过程的自相关函数时间起点与 n 无关,仅与时间间隔 m 有关,所以

$$r_Y(n,n+m) \equiv r_Y(m) \quad (6.68)$$

可见,线性系统不改变过程的平稳性。若输入过程是平稳过程,那么输出过程依然是平稳过程。

输出过程的功率谱为

根据 Wiener-Khinchin 公式,输出过程的功率谱为输出过程的自相关函数的傅里叶变换,将输出过程的自相关函数的表达式(6.67)式代入 Wiener-Khinchin 公式,有

$$s_Y(\omega) = \sum_{k=-\infty}^{\infty} r_Y(k)\exp(-j\omega k)$$

$$= \sum_{k=-\infty}^{\infty}\left[\sum_{p=-\infty}^{\infty} h^*(p)\sum_{q=-\infty}^{\infty} h(q)r_X(m+p-q)\right]\exp(-j\omega k)$$

$$= \left[\sum_{q=-\infty}^{\infty} h(q)\exp(-j\omega q)\right]\left[\sum_{p=-\infty}^{\infty} h^*(p)\exp(-j\omega p)\right]$$

$$\left[\sum_{k=-\infty}^{\infty} r_X(k+p-q)\exp[-j\omega(k+p-q)]\right] = H(\omega)H^*(\omega)s_X(\omega)$$

$$= \mid H(\omega)\mid^2 s_X(\omega) \quad (6.69)$$

输出过程的功率谱由输入过程的功率谱和系统函数确定。如果输入过程是平均功率为 σ_N^2 的白噪声,那么由(6.69)式,输出过程的功率谱为

$$s_Y(\omega) = \sigma_N^2 \mid H(\omega)\mid^2 \quad (6.70)$$

(6.69)式给出线性系统输出过程功率谱表达式。该式的导出用到了功率谱与自相关函数的关系及输入输出互相关函数之间的关系。

6.1 节已经说明,谱分布函数可导的平稳随机过程可以由白噪声激励一个线性时不变系统产生。如果我们能够根据随机过程的观测数据估计出系统参数,那么过

程的功率谱也就可以由(6.70)式确定。

输出过程的功率谱也可以由随机过程谱表达导出。输入输出之间谱过程存在关系

$$dZ_Y(\omega) = H(\omega)dZ_X(\omega) \tag{6.71}$$

其中,$Z_X(\omega)$是输入过程的谱过程,$Z_Y(\omega)$是输出过程的谱过程,$H(\omega)$是系统函数。

根据谱分布函数、谱分布密度函数及谱过程之间的关系:$dF(\omega)=\dfrac{1}{2\pi}s(\omega)d\omega=E[|dZ(\omega)|^2]$,直接可以得到 $s_Y(\omega)=s_X(\omega)|H(\omega)|^2$,如果 $s_X(\omega)=\sigma_N^2$,则 $s_Y(\omega)=\sigma_N^2|H(\omega)|^2$。

离散线性系统模型的数学描述是一个自回归-滑动平均(ARMA)差分方程。自回归差分方程 AR 和滑动平均差分方程 MA 是 ARMA 方程的特例。ARMA 和 MA 是非线性方程,而 AR 是线性方程。Wold 谱表达定理指出:如果功率谱是连续的,那么 ARMA 过程或 MA 过程,可以用一个可能是阶数无限的 AR 过程表示。AR 模型是线性方程便于求解,所以 AR 模型应用更普遍。

6.3　AR 模型功率谱估计

本节主要内容包括 AR 模型(Autoregressive model)及其 Yule-Walker 方程,AR 模型功率谱估计的本质,Yule-Walker 方程的求解方法。

6.3.1　AR 模型及其 Yule-Walker 方程

1. AR 模型

零均值随机序列$\{x_n\}$的 p 阶自回归模型 $AR(p)$ 为

$$x_n = -\sum_{k=1}^{p} a_k x_{n-k} + w_n \tag{6.72}$$

其中,w_n 是激励模型的白噪声过程$\{w_n\} \sim WN(0,\sigma^2)$,$a_1,a_2,\cdots,a_p$ 是模型参数。如果$\{x_n\}$是非零均值过程,则需要在方程中添加一项常数项。

(6.72)式是一个常系数差分方程。满足(6.72)式的随机过程称为 p 阶 AR 过程。AR 过程的当前值 x_n 由其过去值 x_{n-k} 和当前随机激励 w_n 决定。

AR 模型的系统函数为

$$H(z) = \frac{1}{A(z)} = \frac{1}{\left(1 + \sum_{k=1}^{p} a_k z^{-k}\right)} \tag{6.73}$$

AR 模型的 $H(Z)$ 只有极点,没有零点,因此 AR 模型又称为全极点模型。

AR 模型输出的功率谱为

$$s(\omega) = \frac{\sigma^2}{|A(e^{j\omega})|^2} = \frac{\sigma^2}{\left|1 + \sum_{k=1}^{p} a_k z^{-k}\right|^2} \tag{6.74}$$

$AR(p)$ 模型共有 $p+1$ 个参数,p 个模型参数 $a_1,a_2,\cdots,a_p$ 和一个激励噪声的方差 σ^2。只要根据随机序列的观测样本估计出模型阶数 p,p 个模型参数 $a_1,a_2,\cdots,a_p$ 和激励噪声方差 σ^2,就可以按(6.74)式确定随机序列的功率分布密度函数(功率谱)。

2. AR 模型的 Yule-Walker 方程

零均值平稳 $AR(p)$ 过程$\{x_n\}$的自相关函数为 $r(m) = E[x_n x_{n+m}]$,将 $AR(p)$ 模型方程代入自相关函数表达式,得

$$r(m) = E\left\{x_n\left[-\sum_{k=1}^{p} a_k x_{n+m-k} + w_{n+m}\right]\right\} = -\sum_{k=1}^{p} a_k r_{m-k} + E(x_n w_{n+m}) \tag{6.75}$$

其中,$r_{XW}(m) = E(x_n w_{n+m})$ 是过程$\{x_n\}$和白噪声过程$\{w_n\}$之间的互相关。即

$$r(m) = -\sum_{k=1}^{p} a_k r_{m-k} + r_{XW}(m) \tag{6.76}$$

如果 AR 模型的系统响应为 $h(k)$，那么 $x_n = \sum_{k=-\infty}^{\infty} h(k)w(n-k)$，所以

$$r_{XW}(m) = E(x(n)w(n+m))$$

$$= E\left[w(n+m)\left(\sum_{k=-\infty}^{\infty} h(k)w(n-k)\right)\right]$$

$$= \sigma^2 \sum_{k=-\infty}^{\infty} h(k)\delta(m+k)$$

$$r_{XW}(m) = \sigma^2 \sum_{k=-\infty}^{\infty} h(k)\delta(m+k) = \begin{cases} \sigma^2 h(0) & , \quad m = 0 \\ 0 & , \quad m \neq 0 \end{cases}$$

因为 $\lim\limits_{z\to\infty} H(z) = h(0) = 1$，所以

$$r_{XW}(m) = \sigma^2 \sum_{k=-\infty}^{\infty} h(k)\delta(m+k) = \begin{cases} \sigma^2 & , \quad m = 0 \\ 0 & , \quad m \neq 0 \end{cases} \tag{6.77}$$

进而

$$r(m) = \begin{cases} -\sum_{k=1}^{p} a_k r_{m-k} + \sigma^2, & m = 0 \\ -\sum_{k=1}^{p} a_k r_{m-k}, & m > 0 \end{cases} \tag{6.78}$$

将(6.78)式写成矩阵形式

$$\begin{bmatrix} r(0) & r(1) & r(2) & \cdots & r(p) \\ r(1) & r(0) & r(1) & \cdots & r(p-1) \\ r(2) & r(1) & r(0) & \cdots & r(p-2) \\ \vdots & \vdots & \vdots & \vdots & \vdots \\ r(p) & r(p-1) & r(p-2) & \cdots & r(0) \end{bmatrix} \begin{bmatrix} 1 \\ a_1 \\ a_2 \\ \vdots \\ a_p \end{bmatrix} = \begin{bmatrix} \sigma^2 \\ 0 \\ 0 \\ \vdots \\ 0 \end{bmatrix} \tag{6.79}$$

(6.79)式是著名的 Yule-Walker 方程。

3. Yule-Walker 方程系数矩阵特点

AR 模型的 Yule-Walker 方程是关于模型参数与过程自相关函数的关系式。自相关函数构成方程组的系数矩阵，模型参数构成方程组的状态向量。在已知过程自相关函数的条件下，解 Yule-Walker 方程便可得到模型参数和激励噪声方差。

Yule-Walker 方程组的系数矩阵的元素由自相关函数值构成。自相关函数的特点决定了 Yule-Walker 方程组系数矩阵的特点。（1）Yule-Walker 方程的系数矩阵

是正定矩阵,其所有的特征值都是正的。(2)实过程的 Yule-Walker 方程的系数矩阵是对称 Toeplitz 矩阵[①],沿与主对角线平行的任意一条对角线上的元素都相等,元素满足对称关系,$r(i,j) = r(j,i)$。复过程的 Yule-Walker 方程的系数矩阵是复 Toeplitz 矩阵(Hermitian Toeplitz 矩阵),元素满足关系 $r(i,j) = r^*(j,i)$。

直接解 Yule-Walker 方程涉及矩阵求逆运算。在阶数比较高时,运算量很大。而且当模型增加一阶(伴随矩阵增加一阶)时,需要全部重新计算。因此,寻求 Yule-Walker 方程的快速求解算法是 AR 模型法的关键。

在介绍 Yule-Walker 方程求解算法之前,先将 AR 模型法与线性预测以及最大熵方法进行比较,以说明 AR 模型法的性质。

6.3.2　AR 模型功率谱估计性质

1. AR 模型与线性预测

现考虑平稳过程的线性预测问题。设有平稳过程 $\{x(n)\}$,我们要用 n 时刻的前 p 个数据 $x(n-p), x(n-p+1), \cdots, x(n-2), x(n-1)$ 对当前值 $x(n)$ 进行线性预测。若将预测值记为 $\hat{x}(n)$,线性预测方程为

$$\hat{x}(n) = -\sum_{k=1}^{p} \alpha_k x(n-k) \tag{6.80}$$

记预测误差为:$e(n) = x(n) - \hat{x}(n)$,预测均方误差为

$$\rho = E\{e^2(n)\} = E\{x(n)e(n)\} - E\{\hat{x}(n)e(n)\} \tag{6.81}$$

其中,$E\{\hat{x}(n)e(n)\} = E(-\sum_{k=1}^{p} \alpha_k x(n-k)e(n)) = -\sum_{k=1}^{p} \alpha_k E[x(n-k)e(n)]$

根据"正交"原理,当 $x(n-k)$ 和 $e(n)$ 正交,即 $E[x(n-k)e(n)] = 0$ 时,预测均方误差最小。

由

$$E[x(n-m)e(n)] = 0, \quad m = 1, 2, \cdots, p \tag{6.82}$$

将预测误差及预测方程代入(6.82)式,得

$$r(m) = -\sum_{k=1}^{p} \alpha_k r(m-k), \quad m = 1, 2, \cdots, p \tag{6.83}$$

---

① Toeplitz 矩阵:我们将任何一条对角线上取相同元素的矩阵称为 Toeplitz 矩阵。最常见的 Toeplitz 矩阵是对称 Toeplitz 矩阵,元素满足 $r(i,j) = r(j,i)$ 关系,矩阵可以由第一行元素完全确定,$[r(0,0), r(0,1), \cdots, r(0,p)]$。如果 Toeplitz 矩阵中的元素取复数,则是复 Toeplitz 矩阵,又称为 Hermitian Toeplitz 矩阵,元素满足复共轭对称关系。

最小均方误差为

$$\rho_{\min} = E[x(n)e(n)] = E[x(n)(x(n) - \hat{x}(n))]$$ (6.84)

将线性预测方程(6.80)式代入(6.84)式,得

$$\rho_{\min} = E\{x^2(n)\} + \sum_{k=1}^{p} \alpha_k E[x(n)x(n-k)]$$ (6.85)

即

$$\rho_{\min} = r(0) + \sum_{k=1}^{p} \alpha_k r(k)$$ (6.86)

(6.83)式和(6.86)式称为线性预测的 Wiener-Hopf 方程。

比较线性预测的 Wiener-Hopf 方程和 AR 模型的 Yule-Walker 方程。如果线性预测的阶数与 AR 模型的阶数相同,那么,(1)线性预测的参数与 AR 模型的参数相同,$a_k = \alpha_k, k = 1, 2, \cdots, p$;(2)线性预测的最小均方误差等于激励 AR 模型的白噪声方差,$\rho_{\min} = \sigma^2$。即

(同阶的)AR 模型与最优线性预测完全等价

线性预测的 Wiener-Hopf 方程是在均方误差最小意义下导出的,p 个数据以外的预测值,在均方误差最小意义下进行了外推。AR 模型与线性预测完全等价,表明 AR 模型本质是均方最小意义下的线性预测,AR 模型实质是进行了均方最小意义下的数据的拟合与外推。

均方误差最小条件下的数据拟合,减小了数据的起伏,所以,AR 模型法估计的功率谱比经典方法要平滑。也就是,AR 模型法功率谱估计方差比经典功率谱估计方差小。

均方误差最小条件下的数据外推,延长了序列长度。数据长度影响功率谱估计的分辨率。经典功率谱估计的分辨率受到数据长度的限制,AR 模型法功率谱估计的分辨率突破了这一限制。

2. AR 模型谱估计与最大熵谱估计

模型功率谱估计建立在随机过程建模理论基础上,最大熵谱估计(Maximum Entropy Spectra Estimation,MESE)建立在信息论的基础上。1967 年,Burg 提出了现代功率谱估计的重要分支——最大熵功率谱估计方法。

(1)基本概念

热力熵(entropy)

熵的概念最早起源于热力学,用于度量一个热力学系统的无序程度。按热力学第二定律,一个不受外部干扰的"孤立"系统,其内部的混乱程度具有自然增加的趋势。混乱是一种稳定状态,有序是一种不稳定状态。一个"孤立"系统具有朝向其稳

定状态发展的一种内在特性。这是自然条件下熵的变化规律，又称为熵增加定律。克劳修斯(1865)从宏观的角度给出了熵增加的计算公式，$ds = (dQ/T)_{可逆}$。其中，T为物质的热力学温度，dQ为熵增过程中加入物质的热量，下标"可逆"表示加热过程所引起的变化过程是可逆的。若过程是不可逆的，则 $ds > (dQ/T)$。波尔兹曼(1872)从微观的角度对熵的概念进行了描述，指出熵是大量微观粒子位置和速度的分布概率的函数，是描述系统中大量微观粒子无序性的宏观参数，熵越大，则无序性越强。

信息熵(information entropy)

1948 年，克劳德·艾尔伍德·香农(Shannon)将热力学的熵引入信息论，用数学语言阐明了概率与信息冗余度的关系，指出任何信息都存在冗余，称排除了冗余后的平均信息量为"信息熵"，并给出了计算信息熵的数学表达式，解决了对信息的量化度量问题。热力熵描述系统的混乱程度，信息熵描述信息源的不确定度。

(随机变量的)信息熵

在信息论中，随机事件 A 发生带来的信息量定义为

$$I_A = \ln(1/p_A) = -\ln p_A \tag{6.87}$$

其中，p_A 是事件 A 发生的概率。随机事件信息量具有如下性质：

(1)$I_A = 0$，若 $p_A = 1$，即肯定发生的事件不含任何信息。

(2)$I_A \geqslant 0$，即信息量是非负的。

(3)$I_A > I_B$，若 $p_A < p_B$，即概率越小，信息量越大，小概率事件发生，带来更多信息量。

离散型随机变量 X 的信息熵定义为

$$H_X = \sum_{x_k \in X} p_k I(x_k) = -\sum_{x_k \in X} p_k \ln p_k \tag{6.88}$$

其中，p_k 是 $X = x_k$ 的概率。$-\ln p_k$ 是随机事件 $X = x_k$ 发生时带来的信息量。

离散型随机变量的信息熵是各随机事件信息量的加权平均，权重为各随机事件的概率。另外，因为概率可以等于零，所以需要定义 $0\log(0) = 0$。

连续型随机变量 X 的信息熵定义为

$$H_X = -\int_{-\infty}^{\infty} f(x)\ln f(x)dx = E[-\ln f(x)] = E[I(x)] \tag{6.89}$$

其中，$f(x)$ 是随机变量 X 的概率密度函数。

若 X 是一维零均值高斯分布随机变量，将一维零均值高斯分布概率密度函数代入(6.89)式，可以得到一维零均值高斯分布随机变量的信息熵。一维零均值高斯分布概率密度函数为

$$f(x) = \frac{1}{\sqrt{2\pi\sigma^2}} \exp\left[-\,x^2/2\sigma^2\right]$$

其信息熵为

$$H = \ln\sqrt{2\pi\sigma^2}\int_{-\infty}^{\infty} f(x)\mathrm{d}x + \frac{1}{2\sigma^2}\int_{-\infty}^{\infty} x^2 f(x)\mathrm{d}x \qquad (6.90)$$

因为 $\int f(x)\mathrm{d}x = 1$，$\int x^2 f(x)\mathrm{d}x = \sigma^2$，所以，零均值一维高斯分布随机变量的信息熵为

$$H = \ln\sqrt{2\pi\sigma^2\mathrm{e}} \qquad (6.91)$$

高斯分布随机变量的信息熵和方差有关。对于其他分布也有同样的结论——信息熵和方差有关。这表明，方差和信息熵一样都反映着随机变量的不确定性。

由一维高斯分布随机变量的信息熵，可以导出 N 维高斯分布随机变量的信息熵。若 X 是 N 维零均值高斯分布随机变量，将零均值 N 维高斯联合概率密度函数代入(6.89)式，可以得到 N 维零均值高斯分布随机变量的信息熵。零均值 N 维高斯联合概率密度函数为

$$f(x_1, x_2, \cdots, x_N) = \frac{1}{(2\pi)^{N/2}(\Delta R_N)^{1/2}} \exp\left[-\frac{1}{2} X^\tau (\Delta R_N)^{-1} X\right],$$

其中，$X = [x_1, x_2, \cdots, x_N]^\tau$，$R_N$ 是自相关函数阵，

$$R_N = \begin{bmatrix} r(0) & r(-1) & \cdots & r(-N) \\ r(1) & r(0) & \cdots & r(-N+1) \\ \vdots & \vdots & & \vdots \\ r(N) & r(N-1) & \cdots & r(0) \end{bmatrix}$$

ΔR_N 是自相关函数阵的行列式值。

根据(6.89)式，N 维高斯分布随机变量的熵为

$$H = \ln\left[(2\pi\mathrm{e})^{N/2}(\Delta R_N)^{1/2}\right] \qquad (6.92)$$

可见，零均值 N 维高斯分布随机变量的信息熵与自相关函数阵的行列式值有关，ΔR_N 行列式越大，熵越大。

（随机过程的）熵率（Entropy Rate）

随机变量可以定义信息熵的概念。随机过程是随机变量的函数，持续产生着随机变量，按定义随机变量信息熵的方式定义随机过程的信息熵，在随机过程无限长时，有可能存在不收敛的情况，因此对于随机过程需要定义熵率的概念。当过程无限长时，要用熵率作为信息的度量。在概率论中，随机过程的熵率（或信息源的信息率）定义为随机过程的平均信息的时间密度。

若随机过程 X 的 n 个成员的联合信息熵为 $H(X_1, X_2, \cdots, X_n)$，那么随机过程 X

的熵率定义为

$$h = \lim_{n \to \infty} \frac{1}{n} H(X_1, X_2, \cdots, X_n) \tag{6.93}$$

一个随机过程的熵率就是该过程平均每产生一个随机变量所带来的不确定度的大小。由熵率的概念可以引出功率谱熵的概念。

功率谱熵

设随机过程的功率谱为 $s(\omega)$，Burg 定义：

$$\frac{1}{2\pi} \int_{-\pi}^{\pi} \ln s(\omega) d\omega \tag{6.94}$$

为功率谱熵，简称谱熵。其中，$s(\omega)$ 是过程的功率谱。

对于平稳高斯过程熵率正比于功率谱熵，即

$$h \propto \frac{1}{2\pi} \int_{-\pi}^{\pi} \ln s(\omega) d\omega \tag{6.95}$$

（2）Burg 最大熵功率谱估计

Burg 提出在熵最大的条件下外推自相关函数序列才是最合理。在熵最大的条件下，没有对观测时间之外的值做任何假设，对自相关函数的约束最少，随机过程（或序列）保持最大随机性。

已知自相关序列 $r(m)(m=0, \pm 1, \pm 2, \cdots, \pm N)$，在使 $\max \quad \dfrac{1}{2\pi} \displaystyle\int_{-\pi}^{\pi} \ln s(\omega) d\omega$ 条件下，估计功率谱 $s(\omega)$。另外，根据功率谱和自相关函数的关系，估计出的功率谱的傅立叶逆变换应该能够还原自相关函数。

显然，Burg 最大熵功率谱估计是一个具有约束条件的优化问题。

优化问题：

$$\max \quad \frac{1}{2\pi} \int_{-\pi}^{\pi} \ln s(\omega) d\omega \tag{6.96}$$

约束条件：

$$r(m) = \frac{1}{2\pi} \int_{-\pi}^{\pi} s(\omega) e^{j\omega m} d\omega \tag{6.97}$$

根据优化问题及其约束条件，构造目标函数（拉格朗日约束多项式）：

$$J[s(\omega)] = \frac{1}{2\pi} \int_{-\pi}^{\pi} \ln s(\omega) d\omega + \sum_{m=-(N-1)}^{N-1} \lambda_m \left[r(m) - \frac{1}{2\pi} \int_{-\pi}^{\pi} s(\omega) e^{j\omega m} d\omega \right] \tag{6.98}$$

其中，λ_m 称为 Lagrange 乘子，为待定的系数。由 $\dfrac{\partial J[s(\omega)]}{\partial s(\omega)} = 0$ 得到：

$$s(\omega) = \frac{1}{\displaystyle\sum_{m=-(N-1)}^{N-1} \lambda_m \mathrm{e}^{j\omega m}} \tag{6.99}$$

令 $\mu_m = \lambda_{-m}$,
则

$$s(\omega) = \frac{1}{\displaystyle\sum_{m=-(N-1)}^{N-1} \mu_m \mathrm{e}^{-j\omega m}} \tag{6.100}$$

令 $W(z) = \displaystyle\sum_{m=-(N-1)}^{N-1} \mu_m z^{-m}$,
则

$$s(\omega) = \frac{1}{W(\mathrm{e}^{j\omega})}, \quad W(\mathrm{e}^{j\omega}) \geqslant 0 \tag{6.101}$$

根据 Fejer-Riesz 定理[①],若取 $A(0) = 1$,则(6.101)式化为

$$s(\omega) = \frac{\sigma^2}{|A(\mathrm{e}^{j\omega})|^2} \tag{6.102}$$

(6.102)式恰好是 AR 模型功率谱估计。所以,对于高斯过程,最大熵谱估计与 AR 模型谱估计等价。

在高斯分布过程条件下,AR 模型功率谱估计等效于最大熵功率谱估计。所以,AR 模型功率谱估计隐含着以最大熵为条件的自相关函数外推。外推自相关函数扩展了数据长度。功率密度函数的频率分辨率和数据长度成正比,所以 AR 模型法的分辨率比经典方法高。AR 模型法隐含着对自相关函数的外推。只要过程的平稳性不变外推就是有效的。AR 模型法实际对应的是一个无限长的自相关函数序列。理论上,可以以任意的精度用 AR 模型法近似一个已知的功率密度函数。

以上将 AR 模型功率谱估计与线性预测以及最大熵功率谱估计进行了对比,用以说明 AR 模型功率谱估计的内在本质。下面返回 Yule-Walker 方程求解问题。

6.3.3 Yule-Walker 方程求解

AR 模型的 Yule-Walker 方程是线性方程组。高斯消元法之类的方法是求解线性方程组常用方法。但是,这类方法运算量大,特别不方便的是,如果已经计算了某阶模型的参数,增加模型阶数时,需要重新计算模型参数。

---

① Fejer-Riesz 定理:若 $W(z) = \displaystyle\sum_{m=-(N-1)}^{N-1} \mu_m z^{-m}$,$W(\mathrm{e}^{j\omega}) \geqslant 0$,则可以找到函数 $A(z) = \displaystyle\sum_{m=0}^{N-1} a_m z^{-m}$,使得 $W(\mathrm{e}^{j\omega}) = |A(\mathrm{e}^{j\omega})|^2$。

Yule-Walker 方程的系数矩阵是 Toeplitz(托布里兹)矩阵。其特点是:不但是对称阵,而且沿着主对角线及任何一条与主对角线平行的斜线上的所有元素都相等。系数矩阵为 Toeplitz 矩阵的方程组,m 阶方程组的解可以用 $m-1$ 阶方程组的解来表达。即,高阶方程组系数包含了各低阶方程组系数。因此,只要解出一阶方程组的解,就可以递推解出任意阶方程组的解。

以下概要介绍著名的 Levinson-Durbin 递推算法和 Burg 算法。

1. Levinson-Durbin 递推算法

Levinson-Durbin 算法是利用 Yule-Walker 方程系数矩阵的递推性质求解 Yule-Walker 方程的一种高效递推算法。

Levinson-Durbin 算法首先以 $AR(0)$ 和 $AR(1)$ 的模型参数作为初始条件,计算 $AR(2)$ 的模型参数,再根据已求得的模型参数计算 $AR(3)$ 的模型参数,如此递推直到计算出 $AR(p)$ 的模型参数。所以,Levinson-Durbin 算法的关键是由 $AR(m)$ 到 $AR(m+1)$ 的递推公式。

在 $AR(p)$ 模型及其 Yule-Walker 方程中,设 a_k^m 是 Yule-Walker 方程阶次为 m 时的第 k 个模型参数,上标为阶次序号,下标为模型参数序号,阶次的取值为 $m=1$, $2,\cdots,p$,参数序号的取值为 $k=1,2,\cdots,m$,再设 ρ_m 是 AR 模型阶数为 m 阶时的最小均方预测误差。

当 $m=1$ 时,$AR(1)$ 模型的 Yule-Walker 方程为

$$\begin{bmatrix} r(0) & r(1) \\ r(1) & r(0) \end{bmatrix} \begin{bmatrix} 1 \\ a_1^1 \end{bmatrix} = \begin{bmatrix} \rho_1 \\ 0 \end{bmatrix} \tag{6.103}$$

解得

$$a_1^1 = -r(1)/r(0) \tag{6.104}$$

$$\rho_1 = r(0) - r(1)/r(0) = r(0)[1 - |a_1^1|^2] \tag{6.105}$$

注意:$\rho_0 = r(0) = \sigma^2$,σ^2 是激励噪声的方差,对应的是 $AR(0)$ 时的模型参数。以 $\rho_0 = r(0) = \sigma^2$ 为初始条件,代入(6.104)式和(6.105)式,则

$$a_1^1 = -r(1)/\rho_0 \tag{6.106}$$

$$\rho_1 = \rho_0[1 - |a_1^1|^2] \tag{6.107}$$

当 $m=2$ 时,$AR(2)$ 模型的 Yule-Walker 方程为

$$\begin{bmatrix} r(0) & r(1) & r(2) \\ r(1) & r(0) & r(1) \\ r(2) & r(1) & r(0) \end{bmatrix} \begin{bmatrix} 1 \\ a_1^2 \\ a_2^2 \end{bmatrix} = \begin{bmatrix} \rho_2 \\ 0 \\ 0 \end{bmatrix} \tag{6.108}$$

解得

$$a_2^2 = -[r(2) + a_1^1 r(1)]/\rho_1 \tag{6.109}$$

$$a_1^2 = a_1^1 + a_2^2 a_1^1 \tag{6.110}$$

$$\rho_2 = \rho_1 \left[1 - \mid a_2^2 \mid^2\right] \tag{6.111}$$

可见,二阶方程组的解可以用一阶方程组的解来表示。

依此类推,可以归纳出 Levinson-Durbin 递推关系:

$$a_m^m = -\left[r(m) + \sum_{k=1}^{m} a_k^{m-1} r(m-k)\right]/\rho_{m-1} \tag{6.112}$$

$$a_j^m = a_j^{m-1} + a_m^m a_{m-j}^{m-1}, \quad j = 1, \cdots, m-1 \tag{6.113}$$

$$\rho_m = \rho_{m-1}\left[1 - \mid a_m^m \mid^2\right] \tag{6.114}$$

Levinson-Durbin 算法是模型阶数依次增加的一种递推算法。先计算阶数 $m=1$ 时的模型参数 (a_1^1, ρ_1),再计算阶数 $m=2$ 时的模型参数 (a_2^1, a_2^2, ρ_2),如此,递推到阶数 $m=p$ 时的模型参数 $(a_1^m, \cdots, a_{m-1}^m, a_m^m$ 和 $\rho_m)$。

模型稳定性

AR 模型输出的随机过程是方差为 σ^2 的白噪声激励一个全极型线性系统的输出。AR 模型的系统函数为: $H(z) = \dfrac{1}{1 + \sum_{k=1}^{p} a_k z^{-k}} = \dfrac{1}{A(z)}$。根据系统理论,若要求系统稳定,则要求 $H(z)$ 的全部极点(等效于 $A(z)$ 的全部零点)都在单位圆内。$A(z)$ 的系数 $(a_1, a_2, \cdots, a_p)$ 能否保证 $A(z)$ 的全部零点都在单位圆内,取决于自相关矩阵的性质。自相关矩阵为

$$R_{p+1} = \begin{bmatrix} r(0) & r(1) & r(2) & \cdots & r(p) \\ r(1) & r(0) & r(1) & \cdots & r(p-1) \\ r(2) & r(1) & r(0) & \cdots & r(p-2) \\ \vdots & \vdots & \vdots & \vdots & \vdots \\ r(p) & r(p-1) & r(p-2) & \cdots & r(0) \end{bmatrix}$$

如果 R_{p+1} 是正定的,那么由参数 $a_1, a_2, \cdots, a_p$ 构成的 P 阶 AR 模型是稳定的,而且是惟一的。

根据随机过程理论,自相关函数矩阵是非负定的,也就是说,R_{p+1} 可能是正定的,也可能是半正定的。换言之,不是所有的过程的自相关函数矩阵都是正定的。

但是,对于完全可预测过程,即预测均方误差等于零的过程,自相关函数矩阵是正定的。如,由 P 个随机相位正弦过程组成的随机过程: $x(n) = \sum_{k=1}^{p} A_k \exp[j(\omega_k n + \varphi_k)]$。其自相关函数为 $r(m) = \sum_{k=1}^{p} A_k^2 \exp[j\omega_k m]$。前 $P+1$ 个值 $r(m), m=0,1,\cdots,p$ 组成的自相关阵 R_{p+1} 是奇异的,$R_1, R_2, \cdots, R_p$ 是正定的。

根据 $A(z)$ 的零点只能位于单位圆内的要求,可以导出对模型参数的要求:

$$|a_k| < 1, k = 1, 2, \cdots, p \tag{6.115}$$

$$\rho_1 > \rho_2 > \cdots > \rho_p > 0 \tag{6.116}$$

实际应用中,自相关函数序列由实测数据估计得到,带有误差,有可能使 $A(z)$ 的零点移到单位圆上或单位圆外。因此,在递推过程中,出现 $\rho_k < 0$ 或 $|a_k| \geqslant 1$,则应停止递推。

模型定阶

在上面的分析过程中,假定了模型阶数已知。但在实际应用中,AR 模型的阶数一般是未知的,存在一个定阶的问题。确定 AR 模型阶数是 AR 模型法功率谱估计应用的重要问题。AR 模型的阶数影响功率谱平滑度及分辨率。阶数越低,功率谱越平滑、分辨率越低;阶数越高,功率谱越起伏、分辨率越高。阶数越高,越容易出现功率谱谱线分裂或虚假峰。

Levinson-Durbin 递推算法有利于确定 AR 模型阶数。即便起初给出的模型阶数不合适,也可以在递推过程中确定合理的阶数。

Levinson-Durbin 递推时,一般有随着模型阶数的增加,模型预测最小均方误差递减的规律,$\rho_p < \rho_{p-1} < \cdots < \rho_1 < \rho_0$。当均方误差下降到最小时,就应停止 Levinson-Durbin 递推,此时的阶数可以作为 AR 模式的阶数。

另外一些定阶方法的研究也可以参考使用。具体地确定模型阶数的方法可以分为信息量准则法和线性代数法两类。信息量准则法有最终预测误差法 FPE(Final Predication Error)法、AIC(Akaike Information Criterion)准则法、CAT 自回归传递函数准则等;线性代数定阶法有行列式检验算法、Gram-Schmidt 正交法、奇异值分解法。信息量准则法比较简单,线性代数法计算比较复杂。像 FPE 法、AIC 准则法简单,可以参考使用。

FPE 法是使:$FEP(k) = \rho_k \dfrac{N+k+1}{N-(k+1)}$ 达到最小的 k 作为 AR 模型的阶数。

AIC 准则法是使:$AIC(k) = N\ln(\rho_k) + 2k$ 达到最小的 k 作为 AR 模型的阶数。其中,N 为数据长度,k 为模型阶次,ρ_k 为模型预测误差功率。上述准则仅为阶数的选择提供了一种依据。

Levinson-Durbin 递推算法特点与存在的问题

上面介绍了求解 Yule-Walker 方程的 Levinson-Durbin 递推算法。其中的自相关函数序列一般要由实测序列估计得到。由此带来的问题是:自相关函数序列的估计误差将代入模型参数的计算中,这将导致模型参数的计算误差,进而导致功率谱的估计误差,有时会造成虚假峰。所以,自相关函数序列的估计精度问题是 Levinson-Durbin 递推算法存在的主要问题。

2. Burg 算法

针对上述 Levinson-Durbin 递推算法的不足,Burg 算法进行了两点改进。

Burg 算法不直接估计 AR 模型参数,而是先估计反射系数 k_m,估计出反射系数 k_m 后,再利用 Levinson-Durbin 递推关系式求得 AR 模型的参数,AR 模型参数仍然由 Levinson-Durbin 递推算法给出。在 Levinson-Durbin 递推关系中,定义:

$$k_m = a_m^m \tag{6.117}$$

称 k_m 为反射系数,它是第 m 阶模型差分方程中的第 m 个参数 a_m^m,即最高阶的参数。

另外,在约束条件方面 Burg 算法也做了改进。当已知无限长序列的一段时,可以通过外推预测的办法延长序列。外推预测既可以向前预测,也可以向后预测。如果将向前预测均方误差记为 ρ^f,将向后预测均方误差记为 ρ^b,那么,在 Levinson-Durbin 算法中,使用了向前预测均方误差 ρ^f 作为约束条件。在 Burg 算法中将向前、向后预测均方误差的平均值 $\rho = (\rho^f + \rho^b)/2$ 作为约束条件。其中,

$$\rho^f = E[\,|\,e^f(n)\,|^2\,] = E[\,|\,x(n) - x^f(n)\,|^2\,] \tag{6.118}$$

$$\rho^b = E[\,|\,e^b(n)\,|^2\,] = E[\,|\,x(n) - x^b(n)\,|^2\,] \tag{6.119}$$

式中,$x^f(n)$ 和 $x^b(n)$ 分别为向前和向后线性预测值。

利用 Toeplize 矩阵性质,可以证明向前预测和向后预测有如下关系:

$$\rho^f = \rho^b \tag{6.120}$$

$$a_k^f = a_k^b, k = 1, 2, \cdots, p \tag{6.121}$$

其中,a_k^f 表示向前预测时的模型参数,a_k^b 表示向后预测时的模型参数。

若序列是复序列,模型参数 a_k^f 和 a_k^b 是复数,则有

$$a_k^f = (a_k^b)^* \tag{6.122}$$

即向前预测和向后预测均方误差相等,预测系数相等或共轭(复数情况下)。

当阶数 m 由 1 至 P 时,$e^f(n)$ 和 $e^b(n)$ 有递推关系:

$$e_m^f(n) = e_{m-1}^f(n) + k_m e_{m-1}^b(n-1) \tag{6.123}$$

$$e_m^b(n) = e_{m-1}^f(n-1) + k_m^* e_{m-1}^f(n), m = 1, 2, \cdots, p \tag{6.124}$$

并且

$$e_0^f(n) = e_0^b(n) = x(n) \tag{6.125}$$

这样,ρ 仅是反射系数 k_m,$m = 1, 2, \cdots, p$,的函数。当阶数等于 m 时,令 ρ 相对反射系数 k_m 最小,就可以估计出反射系数 k_m。令 $\dfrac{\partial \rho}{\partial k_m} = 0$,得到使 ρ 为最小的 k_m:

$$k_m = \frac{-2 \sum_{n=m}^{N-1} e_{m-1}^f(n) e_{m-1}^{b*}(n-1)}{\sum_{n=m}^{N-1} |e_{m-1}^f(n)|^2 + \sum_{n=m}^{N-1} |e_{m-1}^b(n-1)|^2}, \quad m = 1, 2, \cdots, p \quad (6.126)$$

估计出 k_m 后，当阶数等于 m 时，AR 模型系数仍然由 Levinson-Durbin 递推得到：

$$a_j^m = a_j^{m-1} + k_m a_{m-j}^{m-1}, j = 1, 2, \cdots, p \quad (6.127)$$

$$a_m^m = k_m \quad (6.128)$$

$$\rho_m = \rho_{m-1}[1 - |k_m|^2] \quad (6.129)$$

Burg 算法更有效地利用了已知序列。所以 Burg 算法比单纯的 Levinson-Durbin 递推算法有更好的分辨率。但是，Burg 算法没有完全克服 Levinson-Durbin 递推算法的问题。对于白噪声加正弦信号，Burg 算法有时可能会出现谱线分裂的现象。

Yule-Walker 方程求解方法总结

AR 模型与线性预测模型等价，对 AR 模型参数的求解需要用线性预测理论去理解。

Yule-Walker 方程求解问题是一个热点问题。关于这方面的研究文章比较多，针对不同的问题，不断有新的改进方法提出。不同改进算法之间的区别主要在于：(1)是先用观测数据估计自相关函数序列再估计模型参数，还是直接用观测数据估计模型参数。(2)在约束条件方面，是只用向前预测均方误差最小作为约束条件，还是用向前预测均方误差最小与向后预测均方误差最小之和作为约束条件。

Levinson-Durbin 算法是 Yule-Walker 方程求解的最基本方法。该算法先由观测序列估计自相关序列，再由已知的 $P+1$ 个自相关函数值，用 Levinson-Durbin 递推公式求解 Yule-Walker 方程，得到 AR 模型参数，也称为自相关法。约束条件是在预测均方误差最小意义下向前外推数据。由此估计的自相关矩阵式是正定的，且具有 Toeplitz 性，以保证可以用 Levison-Durbin 算法求解。如果视 AR 模型为预测误差滤波器，那么自相关法能保证模型是最小相位的。自相关法的计算效率高，是所有 AR 模型参数求解方法中最简单的。但是，自相关函数序列的估计误差将导致模型参数的计算误差，有时会出现谱线分裂与频率偏移问题，序列越短、问题越严重。

Burg 算法是对 Levinson-Durbin 算法的改进。Burg 法一方面希望利用已知数据段两端以外的未知数据，另一方面又总是设法保证使预测误差滤波器是最小相位的。它不直接估计 AR 参数，而是先估计反射系数，然后利用 Levinson-Durbin 递推算法由反射系数来求得 AR 参数。约束条件是在均方误差最小意义下使得数据的前向预测误差与后向预测误差之和最小。

    Levison-Durbin 算法和 Burg 算法都只适用于平稳序列。其约束条件对非平稳序列不满足。Burg 算法不能完全克服 Levison-Durbin 算法的缺点,仍有可能存在谱线分裂与频率偏移的不良现象。

    常用 AR 模型参数求解方法有自相关法、Burg 算法、协方差法、修正协方差法以及最小二乘算法、最大似然估计法等。自相关法计算简单,但谱分辨率相对较差。改进协方差法给出更好的谱估计性能,但是计算较繁。Burg 算法计算不太复杂且具有较好的估计质量,是较为通用的方法。Clayton 和 Nuttall 分别提出了基于前向后向预测误差的最小二乘算法(LS)。该算法在克服谱线分裂与频率偏移方面较 Burg 算法有较大改进。

第 7 章　窄带过程

目前的通讯与雷达系统都属于窄带系统,其基本特征是信号频带宽度远小于载波频率。通过窄带系统的信号称为窄带信号或窄带过程。

本章首先介绍希尔伯特变换(David Hilbert Transform),因为希尔伯特变换是分析窄带过程的工具,然后介绍窄带过程,最后介绍典型的窄带高斯过程和窄带高斯过程加随机相位正弦波过程。

7.1　希尔伯特变换

希尔伯特变换是线性算子,属于时域到时域的同域变换。对于窄带信号的分析,希尔伯特变换有着重要应用。希尔伯特变换使窄带信号的表示与分析变得非常简单、清晰。

以下将函数 $x(t)$ 的 Hilbert 变换记为 $\hat{x}(t) = H[x(t)]$,Hilbert 逆变换记为 $x(t) = H^{-1}[\hat{x}(t)]$。

1. Hilbert 变换定义

一时间连续的实函数 $x(t)$ 的希尔伯特变换定义为

$$\hat{x}(t) = H[x(t)] = \frac{1}{\pi} \int_{-\infty}^{\infty} \frac{x(\tau)}{t-\tau} \mathrm{d}\tau \qquad (7.1)$$

Hilbert 逆变换为

$$x(t) = H^{-1}[\hat{x}(t)] = -\frac{1}{\pi} \int_{-\infty}^{\infty} \frac{\hat{x}(\tau)}{t-\tau} \mathrm{d}\tau \qquad (7.2)$$

根据定义,$x(t)$ 的 Hilbert 变换是 $x(t)$ 与 $\frac{1}{\pi t}$ 的卷积。根据信号系统理论,Hilbert 变换是一个冲激响应为 $h(t) = \frac{1}{\pi t}$ 的线性时不变系统。$x(t)$ 的 Hilbert 变换等于 $x(t)$

通过一个冲激响应为 $h(t)=\dfrac{1}{\pi t}$ 的线性时不变系统的输出,即

$$\hat{x}(t) = x(t) * \frac{1}{\pi t} = h(t) * x(t) \tag{7.3}$$

当我们将 Hilbert 变换视为一个线性系统时,通过系统冲激响应的傅里叶变换,便可以确定 Hilbert 变换的频率响应。

因为 $\mathrm{sgn}(t) \leftrightarrow \dfrac{2}{j\omega}$,根据傅立叶变换对称性有:$\dfrac{1}{\pi t} \leftrightarrow j\mathrm{sgn}(-\omega)$。因为 $\mathrm{sgn}(\omega)$ 是奇函数,故 $\dfrac{1}{\pi t} \leftrightarrow -j\mathrm{sgn}(\omega)$。所以 Hilbert 变换的频率响应为

$$H(j\omega) = -j\mathrm{sgn}(\omega) = \begin{cases} -j & \omega > 0 \\ j & \omega < 0 \end{cases} \tag{7.4}$$

Hilbert 变换的幅频响应和相频响应分别为

$$|H(\omega)| = 1 \tag{7.5}$$

$$\varphi(\omega) = \begin{cases} -\pi/2 & \omega > 0 \\ \pi/2 & \omega < 0 \end{cases} \tag{7.6}$$

因为幅频响应恒为 1,所以 Hilbert 变换为相移 $\pi/2$ 弧度的全通网络。

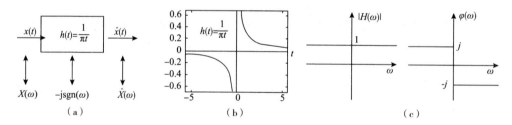

图 7.1 Hilbert 变换(a)冲激响应(b)和频率响应(c)

2. Hilbert 变换性质

Hilbert 变换是一种有界的线性运算,$\pi/2$ 弧度相移是其本质,Hilbert 变换性质均源于此。

(1)Hilbert 变换的傅里叶变换

设 $x(t)$ 的 Hilbert 变换为 $\hat{x}(t)$,$x(t)$ 的傅里叶变换为 $X(\omega)$,则 $\hat{x}(t)$ 的傅里叶变换 $\hat{X}(\omega)$ 为

$$\hat{X}(\omega) = -j\mathrm{sgn}(\omega)X(\omega) \tag{7.7}$$

其中,$\mathrm{sgn}(\omega)$ 是符号函数。

（2）**Hilbert 变换的 Hilbert 变换**

$$H[H[x(t)]] = H[\hat{x}(t)] = -x(t) \tag{7.8}$$

对信号依次进行两次 Hilbert 变换，等于做了两次 $\pi/2$ 弧度的相移，结果使信号反向。

（3）**Hilbert 逆变换**

$$H^{-1}[\hat{x}(t)] = -H[\hat{x}(t)] \tag{7.9}$$

Hilbert 逆变换等于负的 Hilbert 变换。Hilbert 逆变换的结果应该是信号本身，即 $H^{-1}[\hat{x}(t)] = x(t)$，联合（7.8）式，便可以得到（7.9）式。Hilbert 变换是一个移相过程，Hilbert 逆变换也是一个移相过程。两者是相反的移相过程，所以有（7.9）式。

（4）**奇偶性**

若 $x(-t) = x(t)$，则 $\hat{x}(-t) = -\hat{x}(t)$；若 $x(-t) = -x(t)$，则 $\hat{x}(-t) = \hat{x}(t)$。
偶函数的 Hilbert 变换是奇函数，奇函数的 Hilbert 变换是偶函数。

（5）**卷积的 Hilbert 变换**

$$H(u * v) = H(u) * v = u * H(v) \tag{7.10}$$

（6）**随机过程 Hilbert 变换**

设有平稳随机过程 $X(t)$，$\hat{X}(t)$ 是 $X(t)$ 的 Hilbert 变换，Hilbert 变换用于随机过程具有如下基本性质：

自相关函数

$$r_X(\tau) = r_{\hat{X}}(\tau) \tag{7.11}$$

$$s_X(\omega) = s_{\hat{X}}(\omega) \tag{7.12}$$

其中，$r_X(\tau)$ 是 $X(t)$ 的自相关函数，$r_{\hat{X}}(\tau)$ 是 $\hat{X}(t)$ 的自相关函数。$s_{\hat{X}}(\omega)$ 是 $X(t)$ 的功率谱，$s_{\hat{X}}(\omega)$ 是 $\hat{X}(t)$ 的功率谱。Hilbert 变换是只改变信号相位的线性变换，所以自相关函数和功率谱都保持不变。

互相关函数

$$r_{X\hat{X}}(-\tau) = -r_{X\hat{X}}(\tau), r_{\hat{X}X}(-\tau) = -r_{\hat{X}X}(\tau) \tag{7.13}$$

$$r_{X\hat{X}}(\tau) = -\hat{r}_X(\tau), r_{\hat{X}X}(\tau) = \hat{r}_X(\tau) \tag{7.14}$$

其中，$r_{X\hat{X}}(\tau)$ 和 $r_{\hat{X}X}(\tau)$ 是 $X(t)$ 与 $\hat{X}(t)$ 的互相关函数。$\hat{r}_X(\tau)$ 是 $r_X(\tau)$ 的 Hilbert 变

换。(7.13)式表明,$X(t)$ 与 $\hat{X}(t)$ 的互相关函数是奇函数。

(7)窄带过程的 Hilbert 变换

设有窄带过程 $X(t) = A(t)\cos(\omega_0 t + \Phi(t))$,$Y(t) = A(t)\sin(\omega_0 t + \Phi(t))$,其中,$\omega_0$ 是载波频率,$A(t)$ 和 $\Phi(t)$ 为低频、慢变化过程,也称 $A(t)$ 和 $\Phi(t)$ 分别称为窄带信号的随机包络和相位。$X(t)$ 和 $Y(t)$ 的 Hilbert 变换分别为

$$H[A(t)\cos(\omega_0 t + \Phi(t))] = A(t)\sin(\omega_0 t + \Phi(t)) \tag{7.15a}$$

$$H[A(t)\sin(\omega_0 t + \Phi(t))] = -A(t)\cos(\omega_0 t + \Phi(t)) \tag{7.15b}$$

该性质说明:对窄带信号进行 Hilbert 变换时,慢变化的包络和相位可以当作常数对待。

3. 信号的解析表示

解析信号是复信号,可由 Hilbert 变换构造。解析信号的实部是原信号,解析信号的虚部是原信号的 Hilbert 变换。

实信号的解析表示给信号的分析与处理带来方便。特别是,实信号的解析表示在工程上是可以实现的,它能够为信息提取带来实际利益。

确定信号的解析信号表示

设 $x(t)$ 是实的确定信号,$\hat{x}(t)$ 是 $x(t)$ 的 Hilbert 变换,$x(t)$ 的解析信号为

$$\tilde{x}(t) = x(t) + \mathrm{j}\hat{x}(t) \tag{7.16}$$

解析信号 $\tilde{x}(t)$ 的傅立叶变换为

$$\tilde{X}(\omega) = X(\omega) + \mathrm{j}\hat{X}(\omega) = X(\omega) + \mathrm{j}[-\mathrm{j}\,\mathrm{sgn}(\omega)X(\omega)]$$

$$= X(\omega)[1 + \mathrm{sgn}(\omega)] = \begin{cases} 2X(\mathrm{j}\omega) & \omega > 0 \\ 0 & \omega < 0 \end{cases} \tag{7.17}$$

可见,解析信号的频谱,负频率部分为零,正频率部分是相应实信号的 2 倍。

如果 $x(t)$ 是带限信号,最高频率为 $\omega_{\max}$,根据抽样定理,只有采样频率 ω_s 满足 $\omega_s \geq 2\omega_{\max}$,才可以由 $x(t)$ 的抽样 $x(n)$ 恢复 $x(t)$。如果将 $x(t)$ 构造成解析信号 $\tilde{x}(t) = x(t) + \mathrm{j}\hat{x}(t)$,因 $\tilde{x}(t)$ 只含正频率部分,最高频率仍为 $\omega_{\max}$,这时只需 $\omega_s \geq \omega_{\max}$,就可以由 $\tilde{x}(t)$ 的抽样 $\tilde{x}(n)$ 恢复 $x(t)$。

随机信号的解析信号表示

设 $X(t)$ 是平稳随机信号,$\hat{X}(t)$ 是 $X(t)$ 的 Hilbert 变换。$X(t)$ 的解析信号为

$$\tilde{X}(t) = X(t) + \mathrm{j}\hat{X}(t) \tag{7.18}$$

解析信号 $\tilde{X}(t)$ 的自相关函数为

$$
\begin{aligned}
r_{\tilde{X}}(\tau) &= E[\tilde{X}(t+\tau)\tilde{X}^*(t)] = E\{[X(t+\tau)+\mathrm{j}\hat{X}(t)][X(t+\tau)-\mathrm{j}\hat{X}(t)]\} \\
&= r_X(\tau) + r_{\hat{X}}(\tau) + \mathrm{j}[r_{\hat{X}X}(\tau) - r_{X\hat{X}}(\tau)]
\end{aligned}
\tag{7.19}
$$

因为 $r_X(\tau)=r_{\hat{X}}(\tau)$，$r_{X\hat{X}}(\tau)=r_{\hat{X}X}(-\tau)=-\hat{r}_X(\tau)$，所以

$$r_{\tilde{X}}(\tau) = 2[r_X(\tau) + \mathrm{j}\hat{r}_X(\tau)] \tag{7.20}$$

其中，$\hat{r}_X(\tau)$ 是 $r_X(\tau)$ 的 Hilbert 变换。

对 $r_{\tilde{X}}(\tau)$ 取傅里叶变换，得到 $\tilde{X}(t)$ 的功率谱

$$s_{\tilde{X}}(\omega) = 2[s_X(\omega) + \mathrm{sgn}(\omega)s_X(\omega)] = \begin{cases} 4s_X(\omega), & \omega > 0 \\ 0, & \omega < 0 \end{cases} \tag{7.21}$$

即解析信号 $\tilde{X}(t)$ 的功率谱，负频率部分为零，在正频率部分为随机信号 $X(t)$ 的功率谱的 4 倍，如图 7.2 所示。

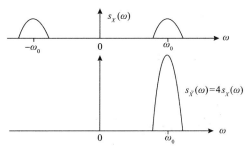

图 7.2 解析信号功率谱

7.2 窄带过程

1. 定义

通频带远小于中心频率的系统称为窄带系统。如果记 Δf 为通频带，f_0 为中心频率，那么满足：

$$\Delta f / f_0 \ll 1 \tag{7.22}$$

的系统称为窄带系统。窄带系统只允许中心频率附近很窄频率范围的频率成分通过。

窄带系统是一个特殊的线性系统。随机过程通过窄带系统的输出即为窄带随机过程（或称为窄带信号）。窄带过程的功率谱集中在某一中心频率附近的一个很窄的频带内，频带宽度远小于中心频率。若实平稳随机过程 $X(t)$ 的功率谱满足：

$$s(\omega) = \begin{cases} s(\omega) & , \quad \omega_0 - \omega_c \leqslant \mid \omega \mid \leqslant \omega_0 + \omega_c \\ 0 & , \qquad\qquad 其他 \end{cases} \tag{7.23}$$

并且满足 $\Delta\omega \ll \omega_0$。其中，$\Delta\omega = 2\omega_c$ 为带宽，ω_0 为中心频率，则称 $X(t)$ 为窄带随机过程。

窄带过程及其功率谱如图 7.3 所示。

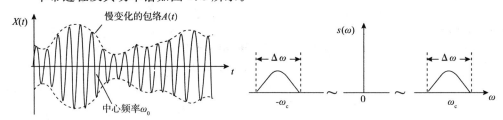

图 7.3　窄带过程及窄带过程功率谱

2. 窄带过程表示方法

准正弦振荡表示

窄带随机过程的准正弦振荡表示：

$$X(t) = A(t)\cos[\omega_0 t + \Phi(t)] \tag{7.24}$$

其中，ω_0 是窄带过程的中心频率（如雷达信号中的载波频率）。

窄带随机过程的准正弦振荡表示是用包络和相位表示的方法。$A(t)$ 称为窄带随机过程 $X(t)$ 的随机包络，$\Phi(t)$ 称为随机相位。$A(t)$ 和 $\Phi(t)$ 都是低频慢变化的随机过程。在短时间内,一般将 $A(t)$ 视为未知确定量,仅 $\Phi(t)$ 是随机量。

Rice(莱斯)表示

利用三角函数公式,可将准正弦振荡表示的窄带过程表示成

$$X(t) = X_c(t)\cos\omega_0 t - X_s(t)\sin\omega_0 t \qquad (7.25)$$

其中,

$$X_c(t) = A(t)\cos\Phi(t) \qquad (7.26)$$

$$X_s(t) = A(t)\sin\Phi(t) \qquad (7.27)$$

$X_c(t)$ 和 $X_s(t)$ 分别是窄带过程 $X(t)$ 的同相分量和正交分量,并且 $X_c(t)$ 和 $X_s(t)$ 相互正交。$X_c(t)$ 和 $X_s(t)$ 也是低频慢变化的随机过程。

准正弦振荡表示和 Rice 表示是两种常用的窄带过程的表示方法。(7.26)式和(7.27)式给出了正交分量和包络的关系,其反函数为

$$A(t) = \sqrt{X_c^2(t) + X_s^2(t)} \qquad (7.28)$$

$$\Phi(t) = \arctan\frac{X_s(t)}{X_c(t)} \qquad (7.29)$$

复包络表示

由准正弦振荡表示 $X(t) = A(t)\cos[\omega_0 t + \Phi(t)]$,取 Hilbert 变换得到,$\hat{X}(t) = A(t)\sin[\omega_0 t + \Phi(t)]$,构造解析过程 $\widetilde{X}(t) = X(t) + \mathrm{j}\hat{X}(t)$,那么称 $\widetilde{X}(t)$ 是 $X(t)$ 的解析表示。在解析表示中,

$$
\begin{aligned}
\widetilde{X}(t) &= X(t) + \mathrm{j}\hat{X}(t) \\
&= A(t)(\cos[\omega_0 t + \Phi(t)] + \mathrm{j}\sin[\omega_0 t + \Phi(t)]) = A(t)\mathrm{e}^{\mathrm{j}\Phi(t)}\mathrm{e}^{\mathrm{j}\omega_0 t}
\end{aligned} \qquad (7.30)
$$

令

$$\widetilde{Y}(t) = A(t)\exp(\mathrm{j}\Phi(t)) \qquad (7.31)$$

则得到窄带过程的复包络表示(也称为复指数表示):

$$\widetilde{X}(t) = \widetilde{Y}(t)\exp(\mathrm{j}\omega_0 t) \qquad (7.32)$$

其中,$\widetilde{Y}(t)$ 称为复包络信号,同样是低频慢变化的复随机过程。窄带过程 $X(t)$ 是其复包络表示的实部,即 $X(t) = \mathrm{Re}[\widetilde{X}(t)]$。

3. 窄带过程正交分量的统计特征

下面在实平稳、零均值、窄带随机过程的范畴内,讨论窄带过程正交分量的统计特征。设有窄带过程 $X(t)$,两正交分量分别为 $X_c(t)$ 和 $X_s(t)$,$X_c(t)$ 和 $X_s(t)$ 有如下

基本统计特征。

性质 1（平稳性）

若 $X(t)$ 是零均值平稳窄带过程,则 $X_c(t)$ 和 $X_s(t)$ 也是零均值平稳过程,且联合平稳。

将 $X(t)$ 表示成:$X(t)=X_c(t)\cos\omega_0 t - X_s(t)\sin\omega_0 t$。其 Hilbert 变换为:$\hat{X}(t)=X_c(t)\sin\omega_0 t + X_s(t)\cos\omega_0 t$。联立前面两式得:

$$X_c(t) = X(t)\cos\omega_0 t + \hat{X}(t)\sin\omega_0 t \tag{7.33}$$

$$X_s(t) = -X(t)\sin\omega_0 t + \hat{X}(t)\cos\omega_0 t \tag{7.34}$$

因为,$X_c(t)$ 和 $X_s(t)$ 是 $X(t)$ 和 $\hat{X}(t)$ 的线性组合,$\hat{X}(t)$ 是 $X(t)$ 的线性变换,所以,若 $X(t)$ 是零均值平稳窄带过程,则 $X_c(t)$ 和 $X_s(t)$ 也是零均值平稳过程,且 $X_c(t)$ 和 $X_s(t)$ 联合平稳。

性质 2（自相关函数）

若 $X(t)$ 的自相关函数为 $r_X(\tau)$,$X_c(t)$ 和 $X_s(t)$ 的自相关函数分别为 $r_c(\tau)$ 和 $r_s(\tau)$,那么

$$r_c(\tau) = r_s(\tau) = r_X(\tau)\cos\omega_0 t + \hat{r}_X(\tau)\sin\omega_0 t \tag{7.35}$$

其中,$\hat{r}_X(\tau)$ 是 $r_X(\tau)$ 的 Hilbert 变换。

根据自相关函数,$r_c(\tau)=E[X_c(t)X_c(t-\tau)]$,将 $X_c(t)$ 的表达式(7.33)代入,并考虑到复过程的数字特征有:$r_X(\tau)=r_{\hat{X}}(\tau)$,$r_{X\hat{X}}(\tau)=-\hat{r}_X(\tau)$,$r_{\hat{X}X}(\tau)=\hat{r}_X(\tau)$,可以得到,$r_c(\tau)=r_X(\tau)\cos\omega_0 t + \hat{r}_X(\tau)\sin\omega_0 t$,同理可证,$r_s(\tau)=r_X(\tau)\cos\omega_0 t + \hat{r}_X(\tau)\sin\omega_0 t$。

由自相关函数的相等,$r_c(\tau)=r_s(\tau)$,可以引申出:$X_c(t)$ 和 $X_s(t)$ 有相同的方差,且等于 $X(t)$ 的方差。根据自相关函数与功率谱的关系,$X_c(t)$ 和 $X_s(t)$ 具有相同的功率谱。

$$\sigma_c^2 = \sigma_s^2 = \sigma_X^2 \tag{7.36}$$

$$s_c(\omega) = s_s(\omega) \tag{7.37}$$

性质 3（互相关函数）

令 $X_c(t)$ 和 $X_s(t)$ 的互自相关函数为 $r_{cs}(\tau)=E[X_c(\tau)X_s(t-\tau)]$,可以证明:

$$r_{cs}(\tau) = r_X(\tau)\sin\omega_0 t - r_{\hat{X}}(\tau)\cos\omega_0 t \tag{7.38}$$

$$r_{cs}(-\tau) = -r_{cs}(\tau) \tag{7.39}$$

即 $X_c(t)$ 和 $X_s(t)$ 的互自相关函数为奇函数。奇函数在原点等于 0,即 $r_{cs}(0)=0$,所以表明:$X_c(t)$ 和 $X_s(t)$ 在同一时刻相互正交,$X_c(t)$ 和 $X_s(t)$ 是相互正交的两个随机过程。

第7章　窄带过程

7.3　零均值平稳窄带高斯过程

设 $X(t)$ 是零均值、方差为 σ^2 的窄带高斯过程，$X(t)\sim N(0,\sigma^2)$。根据前面给出的表示方法，将 $X(t)$ 表示为

$$X(t) = A(t)\cos[\omega_0 t + \Phi(t)] = X_c(t)\cos\omega_0 t - X_s(t)\sin\omega_0 t \qquad (7.40)$$

其中，$A(t)$ 为包络，$\Phi(t)$ 为包络相位。下面给出包络的概率分布。

因为 $X(t)$ 是高斯过程，所以 $X(t)$ 的 Hilbert 变换 $\hat{X}(t)$ 也是高斯过程。因为两正交分量 $X_c(t)$ 和 $X_s(t)$ 均是高斯过程线性变换的结果，高斯过程的线性变换仍然是高斯过程，所以 $X_c(t)$ 和 $X_s(t)$ 均是高斯过程，并且 $X_c(t)$ 和 $X_s(t)$ 的联合分布 $f(X_c(t),X_s(t))$ 也是高斯分布。因为 $X(t)$ 是零均值窄带高斯过程，$E[X(t)]=E[\hat{X}(t)]=0$，$X_c(t)$ 和 $X_s(t)$ 是 $X(t)$ 和 $\hat{X}(t)$ 的线性组合，所以有

$$E[X_c(t)] = E[X_s(t)] = E[X(t)] = 0 \qquad (7.41)$$

$$E[X_c^2(t)] = E[X_s^2(t)] = E[X^2(t)] = \sigma^2$$

又因为互相关函数 $E[X_c(t)X_s(t)]=0$，所以 $X_c(t)$ 和 $X_s(t)$ 互不相关，即统计独立。由以上分析可以确定 $X_c(t)$ 和 $X_s(t)$ 的联合分布密度为

$$f(X_c(t),X_s(t)) = f(X_c(t))f(X_s(t)) = \frac{1}{2\pi\sigma^2}\exp\left(-\frac{X_c^2(t)+X_s^2(t)}{2\sigma^2}\right)$$

$$(7.42)$$

在确定 $X_c(t)$ 和 $X_s(t)$ 的联合分布后，根据 $X_c(t)$ 和 $X_s(t)$ 与 $A(t)$ 和 $\Phi(t)$ 的关系，利用 Jacobi 变换可求得 $A(t)$ 和 $\Phi(t)$ 的联合分布。

因为 $X_c(t)=A(t)\cos\Phi(t)$，$X_s(t)=A(t)\sin\Phi(t)$，Jacobi 行列式为

$$\boldsymbol{J} = \left|\frac{\partial(X_c(t),X_s(t))}{\partial(A(t),\Phi(t))}\right| = \begin{vmatrix} \dfrac{\partial X_c(t)}{\partial A(t)} & \dfrac{\partial X_c(t)}{\partial \Phi(t)} \\ \dfrac{\partial X_s(t)}{\partial A(t)} & \dfrac{\partial X_s(t)}{\partial \Phi(t)} \end{vmatrix} = \begin{vmatrix} \cos\Phi(t) & -A(t)\sin\Phi(t) \\ \sin\Phi(t) & A(t)\cos\Phi(t) \end{vmatrix} = A(t)$$

$$(7.43)$$

所以，$A(t)$ 和 $\Phi(t)$ 的联合分布密度为

$$f(A(t),\Phi(t)) = |\boldsymbol{J}| f(A_c(t),A_s(t)) \qquad (7.44)$$

$$f(A(t),\Phi(t)) = \frac{A(t)}{2\pi\sigma^2}\exp\left(-\frac{A^2(t)}{2\sigma^2}\right) \qquad (7.45)$$

再利用求边沿分布的方法可求得包络与相位的一维分布。包络与相位的一维分布分别为

147

$$f(A(t)) = \frac{A(t)}{\sigma^2}\exp\left(-\frac{A^2(t)}{2\sigma^2}\right), \quad A(t) \geqslant 0 \qquad (7.46)$$

$$f(\Phi(t)) = \frac{1}{2\pi}, \quad 0 \leqslant \Phi(t) \leqslant 2\pi \qquad (7.47)$$

上式说明,包络的一维分布服从瑞利分布,相位服从均匀分布。并且,$A(t)$和$\Phi(t)$相互统计独立,即有

$$f(A(t),\Phi(t)) = f(A(t))f(\Phi(t)) \qquad (7.48)$$

进而,可以求出包络$A(t)$的均值和方差分别为

$$E[A(t)] = \sigma\sqrt{\pi/2} \qquad (7.49)$$

$$E[A^2(t)] = 2\sigma^2 \qquad (7.50)$$

$$\mathrm{Var}[A(t)] = (2-\pi/2)\sigma^2 \qquad (7.51)$$

以上分析了包络及两正交分布的概率分布。其结论是:一个零均值、方差为σ^2的窄带平稳高斯过程$X(t)$,其包络$A(t)$的一维分布为瑞利分布如图7.4所示,相位$\Phi(t)$的一维分布为均匀分布。并且就一维分布而言,$A(t)$与$\Phi(t)$是统计独立的。

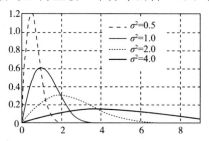

图7.4 窄带高斯过程的随机包络的分布

7.4 非零均值平稳窄带高斯过程

上一小节介绍了零均值窄带高斯过程并分析了零均值窄带高斯过程的包络分布。对于非零均值窄带过程的分析要复杂些,为此,考虑一种比较简单却非常典型的窄带过程,窄带高斯噪声加随机相位正弦波过程,并且该过程可以作为气象雷达信号模型。

设 $Y(t)$ 是由窄带高斯噪声加随机相位正弦波构成的窄带过程。$Y(t)$ 可以表示成

$$Y(t) = S(t) + X(t) \tag{7.52}$$

其中,

$S(t)$ 表示随机相位正弦波信号:

$$S(t) = a\cos(\omega_0 t + \theta) \tag{7.53}$$

令

$$S_c(t) = a\cos\theta, \quad S_s(t) = a\sin\theta \tag{7.54}$$

则

$$S(t) = S_c(t)\cos\omega_0 t - S_s(t)\sin\omega_0 t \tag{7.55}$$

其中,a 是 $S(t)$ 的振幅,在取样期间 a 可认为是常数。θ 是 $S(t)$ 的随机相位,在 $[-\pi, \pi]$ 内均匀分布。

$X(t)$ 是均值为零、方差为 σ^2 的窄带高斯噪声:

$$X(t) = A_X(t)\cos[\omega_0 t + \Phi_X(t)] \tag{7.56}$$

令

$$X_c(t) = A_X(t)\cos\Phi_X(t), \quad X_s(t) = A_X(t)\sin\Phi_X(t) \tag{7.57}$$

则

$$X(t) = X_c(t)\cos\omega_0 t - X_s(t)\sin\omega_0 t \tag{7.58}$$

信号 $Y(t)$ 的具体形式为

$$Y(t) = S(t) + X(t) = [S_c(t) + X_c(t)]\cos(\omega_0 t) - [S_s(t) + X_s(t)]\sin(\omega_0 t)$$
$$= [a\cos\theta + X_c(t)]\cos\omega_0 t - [a\sin\theta + X_s(t)]\sin\omega_0 t$$

$$\tag{7.59}$$

令

$$Y_c(t) = a\cos\theta + X_c(t), \quad Y_s(t) = a\sin\theta + X_s(t) \tag{7.60}$$

则

$$Y(t) = Y_c(t)\cos\omega_0 t - Y_s(t)\sin\omega_0 t \tag{7.61}$$

令

$$Y_c(t) = A(t)\cos\Phi(t), \quad Y_s(t) = A(t)\sin\Phi(t) \tag{7.62}$$

则

$$A^2(t) = Y_c^2(t) + Y_s^2(t), \quad \Phi(t) = \arctan\frac{Y_s(t)}{Y_c(t)} \tag{7.63}$$

则

$$Y(t) = A(t)\cos[\omega_0 t + \Phi(t)] \tag{7.64}$$

其中,$Y_c(t)$ 和 $Y_s(t)$ 是 $Y(t)$ 的正交分量,$A(t)$ 是窄带信号 $Y(t)$ 的包络,$\Phi(t)$ 是包络相位。信息包含在包络中,下面给出包络的概率分布。

包络的概率分布密度

为了导出 $A(t)$ 和 $\Phi(t)$ 的联合分布,先分析 $Y(t)$ 的两个正交分量 $Y_c(t)$ 和 $Y_s(t)$ 的联合分布。

在(7.60)式中,因为 $X_c(t)$ 和 $X_s(t)$ 服从高斯分布,所以对于任意的 θ 和时刻 t,$Y_c(t)$ 和 $Y_s(t)$ 也是高斯分布,且相互独立。其均值和方差分别为

$$E[Y_c(t) \mid \theta] = a\cos\theta, \quad E[Y_s(t) \mid \theta] = a\sin\theta \tag{7.65}$$

$$\mathrm{Var}[Y_c(t) \mid \theta] = \mathrm{Var}[Y_s(t) \mid \theta] = \sigma^2 \tag{7.66}$$

所以,$Y_c(t)$ 和 $Y_s(t)$ 的概率密度函数分别为

$$f(Y_c(t) \mid \theta) = \frac{1}{\sqrt{2\pi}\sigma}\exp\left[-\frac{(Y_c(t) - a\cos\theta)^2}{2\sigma^2}\right] \tag{7.67}$$

$$f(Y_s(t) \mid \theta) = \frac{1}{\sqrt{2\pi}\sigma}\exp\left[-\frac{(Y_s(t) - a\sin\theta)^2}{2\sigma^2}\right] \tag{7.68}$$

因为,$Y_c(t)$ 和 $Y_s(t)$ 相互独立,$f(Y_c(t), Y_s(t) \mid \theta) = f(Y_c(t) \mid \theta) f(Y_s(t) \mid \theta)$,联合 (7.62)式、(7.63)式,得到 $Y_c(t)$ 和 $Y_s(t)$ 的联合分布为

$$f(Y_c(t), Y_s(t) \mid \theta) = \frac{1}{2\pi\sigma^2}\exp\left\{-\frac{1}{2\sigma^2}\left[(A^2(t) + a^2 - 2aA(t)\cos(\theta - \Phi(t)))\right]\right\} \tag{7.69}$$

根据(7.62)式,Jacobi 变换等于:

$$\boldsymbol{J} = \begin{vmatrix} \dfrac{\partial Y_c(t)}{\partial A(t)} & \dfrac{\partial Y_c(t)}{\partial \Phi(t)} \\ \dfrac{\partial Y_s(t)}{\partial A(t)} & \dfrac{\partial Y_s(t)}{\partial \Phi(t)} \end{vmatrix} = A(t)$$

根据 $f(A(t), \Phi(t) \mid \theta) = |\boldsymbol{J}| f(Y_c(t), Y_s(t) \mid \theta)$,得到包络 $A(t)$ 与相位 $\Phi(t)$ 的联合分布为

$$\begin{aligned} f(A(t), &\Phi(t) \mid \theta) \\ &= \frac{A(t)}{2\pi\sigma^2}\exp\left(-\frac{1}{2\sigma^2}\left[(A^2(t) + a^2 - 2aA(t)\cos(\theta - \Phi(t)))\right]\right) \end{aligned} \tag{7.70}$$

其中,$A(t) \geqslant 0$,$-\pi \leqslant \theta, \Phi(t) \leqslant \pi$。

由 $A(t)$ 与 $\Phi(t)$ 的联合分布可以导出包络 $A(t)$ 概率分布密度为

$$\begin{aligned} f(A(t) \mid \theta) &= \int_0^{2\pi} f(A(t), \Phi(t) \mid \theta)\mathrm{d}\theta \\ &= \frac{A(t)}{\sigma^2}\exp\left(-\frac{A^2(t) + a^2}{2\sigma^2}\right)I_0\left(\frac{aA(t)}{\sigma^2}\right) \end{aligned}, \quad A(t) \geqslant 0 \tag{7.71}$$

因为上式右边不含 θ,故可以改写为

$$f(A(t)) = \frac{A(t)}{\sigma^2}\exp\left(-\frac{A^2(t)+a^2}{2\sigma^2}\right)I_0\left(\frac{aA(t)}{\sigma^2}\right), \quad A(t) \geqslant 0 \qquad (7.72)$$

其中,$I_0\left(\frac{aA(t)}{\sigma^2}\right)$ 为零阶修正贝塞尔函数。上式称为广义瑞利分布,也称为莱斯(Rice)分布。

对上式变量作归一化处理,令 $B(t) = \frac{A(t)}{\sigma}$,$b = \frac{a}{\sigma}$,得到归一化包络 $B(t)$ 的分布密度为

$$f(B(t)) = B(t)\exp\left(-\frac{B^2(t)+b^2}{2}\right)I_0(bB(t)), \quad B(t) \geqslant 0 \qquad (7.73)$$

因为信号功率为 $a^2/2$,噪声功率为 σ^2,功率信噪比为 $\frac{a^2}{2\sigma^2}$,所以上述变量替换中,$\frac{b^2}{2}$ 的意义是功率信噪比。根据上式可以得出两点结论:

(1)当 $b=0$ 时,即无信号 $S(t)$,$X(t)$ 的包络服从瑞利分布。当 $b\neq0$ 时,$X(t)$ 的包络服从莱斯(Rice)分布。

(2)修正零阶贝塞尔函数对包络分布起重要作用。通过贝塞尔函数的级数展开可以了解包络概率分布的渐近性。

如果 $b=\frac{a}{\sigma}\ll1$,即信噪比很小的时候,对贝塞尔函数做 Taylor 展开,忽略高阶项,由 $I_0(x)\approx1$,得到包络分布近似为 Rayleigh 分布:

$$f(B(t)) \approx B(t)\exp\left(-\frac{B^2(t)+b^2}{2}\right) \approx B(t)\exp\left(-\frac{B^2(t)}{2}\right) \qquad (7.74)$$

如果 $b=\frac{a}{\sigma}\gg1$,即信噪比充分大的时候,贝塞尔函数可以近似为 $I_0(x)\approx\frac{e^x}{\sqrt{2\pi x}}$,包络分布近似为 Gauss 分布:

$$f(B(t)) \approx \frac{1}{\sqrt{2\pi}}\exp\left[-\frac{(B(t)-b)^2}{2}\right] \qquad (7.75)$$

相位的概率分布密度

按照由联合分布求边缘分布的办法,仿照上述求包络分布密度函数的步骤,可以求得相位的概率分布密度。联合分布密度(7.70)式对 $A(t)$ 进行积分,得到 $\Phi(t)$ 的条件分布密度函数

$$f(\Phi(t)\mid\theta) = \exp\left[-\frac{a^2\sin^2(\varphi-\theta)}{2\sigma^2}\right]\int_0^\infty \frac{A(t)}{2\pi\sigma^2}\exp\left\{-\frac{1}{2\sigma^2}\left[A(t)-a\cos(\varphi-\theta)\right]^2\right\}dA(t)$$

$$(7.76)$$

其中，φ 是 $\Phi(t)$ 的取值，$\dfrac{a^2}{2\sigma^2}$ 的意义是信噪比（SNR）。

当 SNR 很小时，$f(\Phi(t)\mid\theta)$ 趋于均匀分布，(7.76)式化为

$$f(\Phi(t)\mid\theta)=\frac{1}{2\pi} \tag{7.77}$$

当 SNR 很大时，(7.76)式近似为

$$f(\Phi(t)\mid\theta)\approx\frac{a\cos(\varphi-\theta)}{\sqrt{2\pi}}\exp\left\{-\frac{a^2\sin^2(\varphi-\theta)}{2\sigma^2}\right\} \tag{7.78}$$

此时，$f(\Phi(t)\mid\theta)$ 是关于 $\varphi-\theta$ 的偶函数，当 $\varphi=\theta$ 时取最大值，并随着 $\varphi-\theta$ 的增大而快速衰减，如图 7.5 所示。

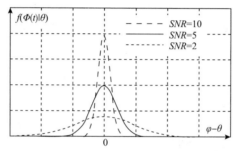

图 7.5　窄带高斯噪声加随机相位正弦波过程随机相位分布密度

以上概要介绍了窄带过程及窄带高斯噪声和窄带高斯噪声加随机相位正弦波过程，上述分析方法对于分析气象雷达信号非常有用。

参考文献

复旦大学.1979.概率论(第二册):数理统计.北京:人民教育出版.

何书元.2008.随机过程.北京:北京大学出版社.

胡广书.2008.数字信号处理.北京:清华大学出版社.

梁昆淼.2010.数学物理方法(第四版).北京:高等教育出版社.

冷建华.2004.傅里叶变换.北京:清华大学出版社.

陆大绘.2012. 随机过程及其应用(第2版).北京:清华大学出版社.

陆光华,彭学愚,张林让,等.2002.随机信号处理.西安:西安电子科技大学出版社.

罗鹏飞,张文明.2006.随机信号分析与处理.北京:清华大学出版社.

毛用才,保铮.1997.复加性白高斯噪声中随机幅值多项式相位信号的 Cramer-Rao
　　下界.通信学报,18(9):50-54.

南京工学院数学教研组.1978.积分变换.北京:人民教育出版社.

数学手册编写组.1979. 数学手册.北京:高等教育出版社.

宋宁,关华.2008.经典功率谱估计及其仿真.现代电子技术,31(11):159-161.

魏鑫,张平.2005.周期图法功率谱估计中的窗函数分析.现代电子技术,28(3):
　　14-15.

吴湘淇.1996.信号、系统与信号处理. 北京：电子工业出版社.

解翔,卫红凯,马珂.2009.窗函数对传统功率谱估计精度的影响.舰船电子对抗,32
　　(2):84-86.

严士健,刘秀芳.2013.测度与概率.北京:北京师范大学出版社.

张贤达.2002.现代信号处理.北京:清华大学出版社.

张小虹,王丽娟,任姝婕.2007.数字信号处理基础.北京:清华大学出版社.

周荫清.2013.随机过程理论(第3版).北京:北京航空航天大学出版社.

Cristi R.2005.现代数字信号处理. 徐盛等译.北京:机械工业出版社.

Edwards A W F.1992.Likelihood (Expanded Edition). Johns Hopkins University
　　Press，Baltimore.

Harris F J.1978.On the Use of Windows for Harmonic Analysis with the Discrete

Fourier Transform. Proceedings of the IEEE,66 (1): 51-83.

Nobert W. 1930. Generalized Harmonic Analysis. Acta Mathematica, 55 (1): 117-258.

Nuttall A H. 1981. Some Windows with Very Good Sidelobe Behavior. IEEE Trans. Acoustics,Speech and Signal Processing,29 (1): 84-91.

Robert B. 2000. Robability and Measare Theory(Second Edition). London: Academic Press.

Welch P D. 1967. The Use of Fast Fourier Transform for the Estimation of Power Spectra: A Method Based on Time Averaging Over Short, Modified Periodograms. IEEE Trans. Audio and Electroacoustics, 15(2):70-73.

John A. 1997. R. A. Fisher and the Making of Maximum Likelihood 1912-1922. Statistical Science, 12 (3): 162-176.

附录 A　科学家中英文名字对照表

中文译名	英文
埃尔米特	Hermite
巴特利特	Bartlett
贝塞耳	Bessel
波赫纳	Bochner
布莱克曼	Blackman
布朗	Brown
狄拉克	Dirac
狄利克雷	Dirichlet
费希尔	Fisher
傅里叶	Fourier
高斯	Gauss
哈尔莫斯	Halmos
哈里斯	Harris
海明	Hamming
汉宁	Hann
凯泽	Kaiser
科尔莫戈罗夫	Kolmogorov
克莱姆	Cramer
柯西	Cauchy
勒贝格	Lebesgue
勒让德	Legendre
黎曼	Riemann
列维	Levy
林德伯格	Lindburg
奈曼	Neyman

帕塞瓦尔	Parseval
普罗尼	Prony
切比雪夫	Chebyshev
瑞利	Rayleigh
施瓦兹	Schwartz
斯蒂尔吉斯	Stieltjes
图基	Tukey
韦尔奇	Welch
维纳	Wiener
沃尔德	Herman Wold
沃尔什	Walsh
希尔伯特	David Hilbert
辛钦	Khinchin
雅可比	Jacobi

附录 B　数学符号字母意义

C	复数集
N	自然数集（包含 0 在内）
R	实数集
Z	整数集
$\in$	属于符号，表示元素与集合之间的一种从属关系
Π	求积符号
$\cap$	交符号集合基本符号，表示两个集合同时满足　集合交
$\cup$	并符号集合基本符号，表示至少满足一个集合　集合并
Ω	空间
F	事件域
$\leftrightarrow$	变换对，例 $x_1(t) \leftrightarrow X_1(\omega)$ 表示 $x_1(t)$ 和 $X_1(\omega)$ 是一个变换对，更多的用于表示傅里叶变换对
$\{\}$	空间，例 $X = \{x(n)\}$ 表示随机序列 X 的样本空间
$r(k)$	自相关函数
$s(\omega)$	功率谱
N	样本序列长度
$\hat{r}(k)$	自相关函数 $r(k)$ 的估计
$\hat{s}(\omega)$	功率谱 $s(\omega)$ 的估计
$\hat{s}_p(\omega)$	特指由周期图算法得到的功率谱估计
$\hat{s}_c(\omega)$	特指由相关图算法得到的功率谱估计
$w(k)$	窗函数（w 小写）
$W(\omega)$	窗函数 $w(k)$ 的傅立叶变换（W 大写）
"$*$"	右上标星号，表示复共轭，如 $x^*(n)$ 是 $x(n)$ 的复共轭
	卷积，例如用于公式中 $x(n)$ 和 $y(n)$ 的卷积 $x(n) * y(n)$